Special Ciffon Cake 35 Recipes by Noriko Ozawa

戚風蛋糕專賣店「La Famille」不會對身體造成負擔的食譜

超有料的特製戚風蛋糕

「La Famille」店長兼主廚 **小沢のり子** 著

前言

「La Famille」的戚風蛋糕不使用發粉或塔塔粉這些添加物，只靠著使用蛋白做成的蛋白霜和麵粉中麩質的力量，做出「柔軟又有彈性的蛋糕」。

店裡從1998年開店當時，就開始提供在原味戚風裡加入水果或蔬菜、紅茶等固體食材的「特別戚風」，非常受歡迎。本書的內容包含了在店裡長久受到客人喜愛的戚風蛋糕，以及為了這本書而特別想出的食譜，介紹的內容相當豐富。

將食材加入麵糊的話，雖然會發生食材沉入麵糊中，或是容易讓蛋糕產生空洞等狀況，而增加製作上的難度，但本書將會從「蛋白霜作法」的重點開始，一直到「不會失敗的祕訣」，加以詳細說明。

戚風蛋糕是「美國出生，日本長大」

很不可思議的是，在美國沒有看過的戚風蛋糕，卻能在其他各國見到。問了對方「是在哪裡學到戚風蛋糕的作法呢？」，竟然可以聽到這樣的回答：「是跟日本人學的。因為這是日本的蛋糕不是嗎！」戚風蛋糕雖然源自美國，但在不知不覺間，已經成為在日本廣受喜愛的甜點了。

最近，在我的甜點教室裡多了來自台灣、韓國、中國等亞洲地區的學生。能夠讓戚風蛋糕以「日本的甜點」推廣到世界各地是我的夢想，也希望能將戚風蛋糕的深奧傳達給下一個世代。

「La Famille」小沢 のり子

Contents

Chapter3

蔬菜

Chapter4

有香氣的材料、堅果類、其他

～在閱讀本書之前～

- 作法與順序在P.14～19的「原味戚風的作法」中有詳細說明，其他食譜都是以原味戚風的作法為基礎簡略而成。
- 烤製時間與溫度會依烤箱機種的不同而多少有點差異。由於書中所記載的數值只是基準，建議第一次烤蛋糕時，可以在烤好的大約5分鐘之前轉動烤箱的時間旋鈕，藉此調整烘焙的狀態。
- 材料欄中的「水」指的是「溫水」。溫度以微溫（人體肌膚的溫度）為基準。
- 本書是從旭屋2005年出版的《シフォンケーキのプロが教えるスペシャルレシピ（暫譯：戚風蛋糕的專家教你做特別食譜）》與2012年出版的《シフォンケーキ専門店『ラ・ファミーユ』の上達するシフォンケーキ（手作花漾戚風蛋糕）》中揀選食譜及照片，將內容作增添與修正後集結而成。P.38的「檸檬戚風」與P.68的「茉莉花茶戚風」是新增的兩款蛋糕。

材料

以下介紹製作戚風蛋糕主要的材料。

雞蛋 egg

選擇新鮮的蛋是很重要的。蛋的鮮度夠，濃厚蛋白*的量也會比較多。將這樣的蛋冷卻後用來製作蛋白霜的話，能夠做出不易消泡的強力蛋白霜。為了能順利乳化，蛋黃則是在常溫的狀態下使用。

*濃厚蛋白…存在於蛋黃周圍黏性較強的部分。將蛋打出來之後可以看到的隆起部分。

植物油 vegetable oil

戚風蛋糕的特徵就是使用植物油。雖然使用什麼種類都可以，但是加了添加物的植物油會破壞蛋白的氣泡，所以不適合用來製作戚風蛋糕。

低筋麵粉 cake flour

麵粉的蛋白質在加水慢慢攪拌之後會形成麩質。藉由麩質與油的結合，能夠讓蛋糕產生柔軟的彈性。

玉米澱粉 cornstarch

在製作蛋白霜時使用玉米澱粉，可以吸收蛋白的水分，產生穩定的泡沫。因為玉米澱粉的作用，可以做出口感輕柔的蛋糕。

細砂糖 granulated sugar

本書所使用的是顆粒較細的細砂糖，不過也可以使用上白糖。但是如果使用礦物質較多的砂糖，會讓蛋糕膨脹的狀態變差。

檸檬汁 lemon juice

使用藍莓或紫色地瓜等含有多酚的食材製作戚風蛋糕時，麵糊的顏色會產生變化。為了避免這一點，可以加入酸（檸檬汁）進行調整。

器具

以下介紹製作戚風蛋糕所需的器具。除此之外還需要2個大碗與刮刀。
要製作20cm模型所需的蛋白霜，使用直徑24cm的大碗，蛋黃麵糊則使用直徑21cm的大碗；
要製作17cm模型所需的蛋白霜，使用直徑21cm的大碗，蛋黃麵糊則使用直徑18cm的大碗會比較適當。

手持式攪拌器 hand mixer

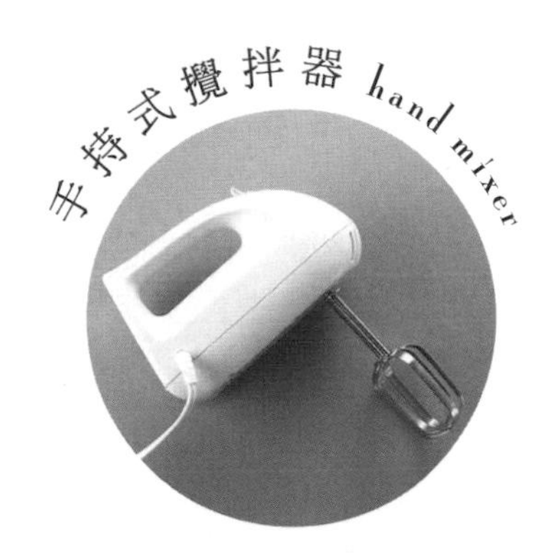

在製作蛋白霜時很方便的器具。特別是在打發蛋白霜時，比起用手打，可以在短時間內完成，也能做出強力的蛋白霜。

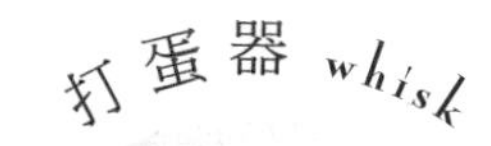

打蛋器 whisk

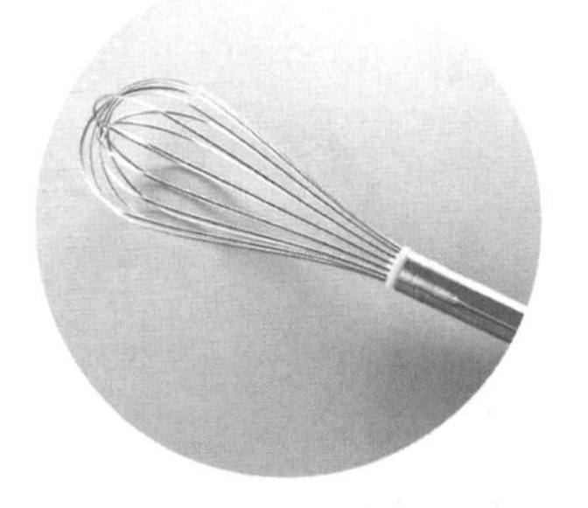

在確認蛋白霜的狀態時，不要使用手持式攪拌器，改為使用打蛋器吧。以打蛋器進行混合的話，蛋白霜的重量會直接傳達到手上，比較容易確認蛋白霜的狀態。

蛋糕轉台與抹刀 rotating stand&palette knife

在裝飾烤好的蛋糕時使用。將蛋糕放在轉台上，以抹刀將鮮奶油霜塗在蛋糕上。

刀子 knife

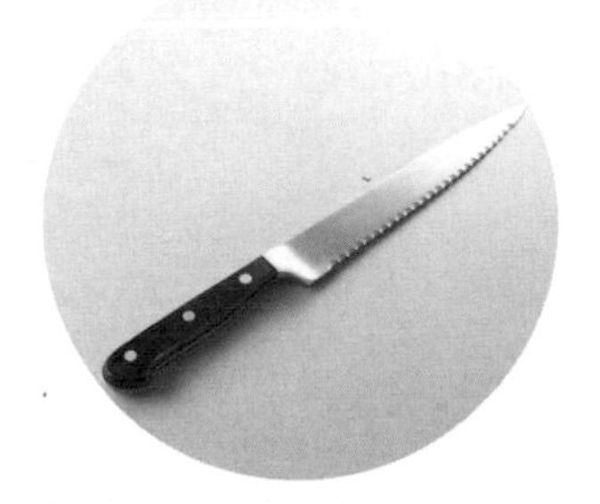

要將戚風蛋糕切塊時，需要準備較鋒利的刀子。如果是裝飾過的蛋糕，將刀子加熱之後再使用會更容易切得漂亮俐落。

模型 cake pan

基本款圓形

心形

在越南買的模型

高度較高的戚風蛋糕，使用中央有筒狀凸起的模型，就可以將外側與內側一起加熱，能讓蛋糕快一點烤好。最容易使用的是鋁製的模型。模型中不需塗抹任何材料，直接倒入麵糊。若為模型底部可以拆卸的款式，在將蛋糕脫模時會很方便。

順利烤出戚風蛋糕的 3個基本重點

1 活用蛋白的筋 做出強而有力的蛋白霜

蛋白霜會決定麵糊的好壞。如果做出飽含空氣、氣泡小的蛋白霜，就可以做出質地細緻、柔軟卻有彈性的蛋糕，而且還能禁得起裝飾。還沒辦法熟練製作時，先製作蛋白霜會比較好。在製作蛋黃麵糊的這段期間將蛋白霜靜置，如果沒有什麼太大的變化，就是好的蛋白霜。要是蛋白霜變軟的話，就再次打發，將空氣重新打進蛋白霜內，使氣泡再次排列整齊（這個步驟稱為緊實氣泡），讓蛋白霜呈現良好狀態後再使用。

2 以蛋黃讓油與水乳化

順利乳化的祕訣在於讓手持式攪拌器與大碗成直角，盡可能的不要讓空氣混入，以中速朝同一個方向混合。藉著蛋黃之力讓水與油的其中一點連結在一起，產生連鎖反應後就會開始進行乳化作用。由於乳化很難以肉眼判斷，建議在這個階段不要一直想著要乳化而持續攪拌，而是稍微混合之後加入粉類。這是因為粉會吸收多餘的水分，有助於乳化。水使用溫水（大約是人體肌膚的溫度）的話就可以順利乳化。

3 加了粉之後，不是混合而是「慢慢攪拌」

在蛋黃麵糊裡加入麵粉，以中速朝同一方向慢慢攪拌，直到產生黏性為止。如此一來不但能乳化，也能引出麵粉的麩質。混合這個麩質和油，就能做出柔軟有彈性的蛋糕。並非混合，請一定要輕輕的慢慢攪拌。

在麵糊裡加入水果或蔬菜的「特別戚風」的3個基本重點

1 水分多的食材要去除水分後再使用

水分是製作戚風蛋糕的大敵。之所以會這麼說，是因為若混入水分多的食材，其周圍會容易產生大空洞的緣故。所以要去除食材的水分，或是以裹上低筋麵粉的方式來防止水分流入麵糊。

2 水果或蔬菜等要切成1cm以下的大小

加入麵糊中的食材如果過大，在烤製時食材會容易沉入麵糊下方，或是烤好後倒扣冷卻時，蛋糕從模型中脫落。此外，加入的分量也是很重要的。本次食譜為了發揮食材的味道，加入的是「不能再放更多了」的量，在製作時請不要太貪心。

3 比起什麼都沒加的時候要烤更長的時間

在麵糊裡加入其他材料的話，要完全烤熟就會比較困難。如果烤得半生不熟，在烤好後倒扣時，有時候就會發生蛋糕從模型中掉下來的狀況。因此，比起什麼都沒加的蛋糕，烤製時間要再拉長一點。

戚風蛋糕最大的關鍵
就是「蛋白霜」！

point
1 製作不易消泡的「強力蛋白霜」

只要在麵糊中加入膨脹劑，就能簡單的讓蛋糕膨脹，但如果要在不加入膨脹劑的狀況下讓蛋糕膨脹，就會變得很困難。想讓蛋糕自己膨脹，非得藉助空氣的膨脹之力不可。因此，以氣泡將空氣包住的蛋白霜，其作法就顯得很重要。不是只要有打發就好，要做的是「不易消泡的強力蛋白霜」。

蛋白霜是以蛋白和砂糖製成。攪拌蛋白就會混入空氣做出氣泡。雖然光只是這樣，氣泡馬上就會消失，但是藉由加入砂糖就可以產生黏性，做出質地細緻、變化較少的穩定氣泡，也就能完成不易消泡的強力蛋白霜。

不過加入砂糖的方式一定要特別注意。一次加入過多砂糖的話會抑制發泡，加太少的話又會讓氣泡過多。不過如果在恰當的時機加入製成蛋白霜的話，氣泡的膜會變得強韌，能夠讓蛋白霜變成不易消泡的強力蛋白霜。

困難的點在於質地細緻、變化較少的穩定氣泡是無法用肉眼看見的。我們雖然使用機械打發，但是因為機械無法完美的做出強力蛋白霜，所以最後的步驟還是要靠人手的感覺來重新做出細緻的泡泡。用手拿著打蛋器在蛋白霜中像是來回擺動般攪拌，以這時的手感來判斷蛋白霜的好壞，這是最辛苦的一點。

狀態好的蛋白霜

氣泡的膜十分穩固

氣泡的顆粒小，並且整齊排列

只有一個方法可以用眼睛確認蛋白霜的好壞，那就是在覺得做好蛋白霜之後將之靜置2～3分鐘。從靜置蛋白霜的變化就可以判斷出來。如果狀態不好的話，可以重新打發後再使用。要是沒什麼變化，就是做出了好蛋白霜的證據，但是也不能因此而安心。在這之後還要使用打蛋器讓肉眼看不見的細小氣泡排列整齊。細小氣泡有沒有排列整齊，只能靠手的感覺去記住。

要記住這種感覺的祕訣，就是在能熟練製作蛋白霜之前，以一定分量的蛋白和砂糖來製作。總是以同樣的量來做，手的感覺自然會被鍛鍊出來，慢慢就會記住。在店裡，加入蛋白裡的砂糖量都是固定的。

製作蛋白霜會因為攪拌器的種類、大小和強度，以及使用方法、蛋白霜作法的不同而有所改變，習慣自己擁有的攪拌器是很重要的。

要做出好蛋白霜的條件有二。

使用新鮮雞蛋：雖然新鮮的蛋白不容易起泡，但是氣泡一旦形成就不易消失，會變成持久力相當好的氣泡。不新鮮的蛋白雖然馬上就能起泡，但也馬上就會消失、不持久。此外，如果是馬上就消失的氣泡，不但無法讓兩個素材充分混合，膨脹的狀態也不好，無法做出好吃的蛋糕。

濃厚蛋白因為含有充足的黏性，空氣不易進入，所以要稍微拌開之後再使用。但是要是拌得太過頭，戚風蛋糕柔軟的彈力就會減弱，因此「稍微拌開」是重點。

要用之前放在冰箱內冷藏：直到開始進行作業之前，蛋白要先冷藏備用。雖然和常溫的蛋白比起來較不易起泡，但卻可以做出細緻穩定的氣泡。

戚風蛋糕失敗的原因中大約有90%都是被蛋白霜的好壞所影響。一邊累積失敗的經驗，一邊一點一滴的學會製作好蛋白霜的方法吧。

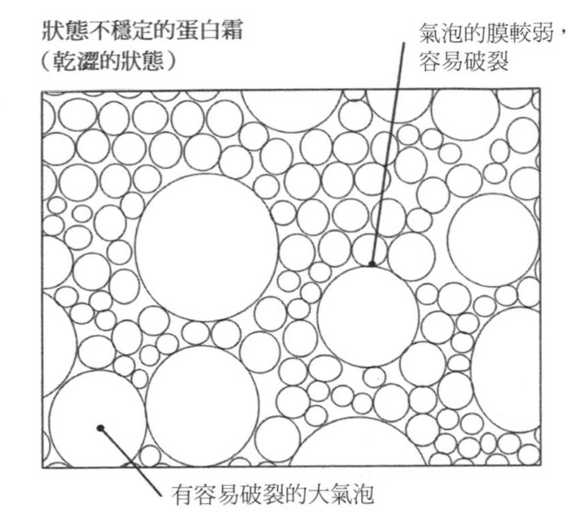

point

2 在製作甜點時不可或缺的「乳化」是？

戚風蛋糕不使用奶油或豬油等動物性油脂，而是以植物油做成的稀有甜點。雖然要將油與水分（水、牛奶、果汁等）混合，但是理所當然的，水與油無法合為一體。

要將這兩種無法混合的素材混合均匀，需要進行的就是「乳化」這項作業。乳化所需要的是被稱為乳化劑的物質。蛋黃成分之一的卵磷脂能夠起到乳化劑的作用，因此蛋黃也被稱為是「天然乳化劑」。在戚風蛋糕裡，以蛋黃的卵磷脂為橋樑，水分就會圍繞在油的周圍，但是乳化這個步驟即使做到看起來已經很均匀，如果沒有連肉眼看不到的地方都充分混合，就會失敗並且反映在蛋糕上。

乳化示意圖

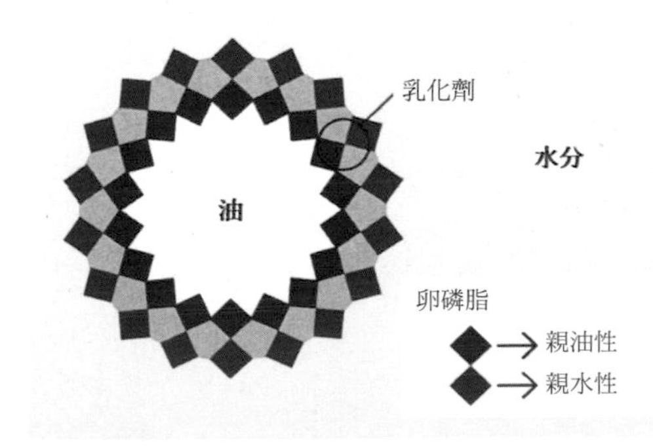

那麼，肉眼無法看見的部分該怎麼做呢？科學告訴我們答案：「不要使用過強的力量，以固定的方向攪拌

畫圈」。只要有一個地方開始乳化，就會產生連鎖反應，擴散到整體。進而大力攪拌會破壞卵磷脂的乳化力，讓乳化變得困難甚至導致失敗，所以「輕輕的慢慢攪拌」是首要的重點。

此外，在乳化時還有一點需要注意，那就是溫度。太冷或太熱都無法讓水分與油分順利混合。當蛋黃溫度較低時，就稍微加熱水分之後再進行混合吧。

只要學會這個乳化作業，在製作其他甜點時，也能幫上很大的忙。

point

3 要製作戚風蛋糕，「麩質」是必要的

戚風蛋糕的特徵是使用植物油。不過光只有植物油，無法讓戚風蛋糕產生柔軟感。還有一個不可或缺的東西，那就是「麩質」。在麵粉裡加水慢慢攪拌，麥穀蛋白與穀膠蛋白這兩種蛋白質就會形成網狀構造，變成具有黏性和彈性的物質，成為蛋糕的骨幹，這就是麩質。據說只有麵粉是唯一一種能形成麩質的穀物，因此我認為在使用麵粉時的重點，不是不要讓麩質產生，「要如何利用麩質」這點才是重要的。

像奶油那樣的動物性油脂（固態油脂）與麩質混合的話，麵糊就會變硬，或是麩質會變得破碎、不連續。

植物油（液態油）與麩質混合的話可以提高麵糊的延展性，產生柔軟的彈力。這個柔軟的麩質會在蛋白霜氣泡的周圍像膜一樣包住氣泡，進而膨脹。我認為這就是戚風蛋糕糕體柔軟而有彈性的祕密。

形成麩質的蛋黃麵糊，將有著細緻氣泡的強力蛋白霜像是包裹般的仔細混合後，就能產生好吃的味道。託與植物油混合的麩質和蛋白霜強度的福，才能做出膨鬆柔軟、富有彈性的蛋糕。

之所以會說要將蛋黃麵糊攪拌到產生黏性，是因為產生某種程度的黏性（麩質）是必要的。但是為了不要產生必要以上的麩質，要注意不能攪拌過頭。

蛋黃麵糊不只是混合就好，還隱藏了上述這些種種祕訣。要避免失敗，抱持「為什麼？」的疑問是很重要的。了解科學上的理由，知道藏在肉眼看不見的部分的學問，與成功做出戚風蛋糕息息相關。

Chapter1

學會熟練的製作基礎戚風蛋糕麵糊吧！

「La Famille」的原味戚風蛋糕

Plain Ciffon Cake

我一開始知道「戚風蛋糕」，是在1980年代初期的時候。又大又軟，是至今從來沒有嘗過的味道。在那之後，又因為日本與美國的作法完全相反而受到衝擊，以「為什麼會這樣呢？」的疑問為契機，我深深的被戚風蛋糕所吸引。以美國的作法為基礎，加上我個人的功夫，「La Famille」的戚風蛋糕就誕生了。接下來要介紹的，就是這份珍藏的食譜。

「原味戚風」的作法

對於第一次來到我所開設的戚風蛋糕教室的學生，我會先教他基本的「原味戚風」作法，讓他熟悉戚風蛋糕。由於沒有加入其他餡料等食材，即使是新手也能輕鬆製作。從21頁開始介紹的戚風蛋糕的各種版本，都是以原味戚風的作法為基礎加以變化而成。

材料

●17cm模型	●20cm模型
蛋白…110g	蛋白…170g
砂糖…70g	砂糖…110g
玉米澱粉…6g	玉米澱粉…10g
蛋黃…50g	蛋黃…80g
水（溫水）…40g	水（溫水）…60g
植物油…40g	植物油…60g
低筋麵粉…65g	低筋麵粉…100g

1 首先，為了讓空氣容易均等的進入蛋白內，以低速～中速的攪拌器將蛋白輕輕打散。有筋的蛋白可以被攪拌器拉起來。盡量不要弄斷這個筋，並注意不要把蛋白打得太散。

將蛋白打散之後，以高速將蛋白打發。

3 用攪拌器撈撈看，打到撈起來可以感覺到有重量的程度。

4 將砂糖1大匙加入3中，再繼續打發。加入砂糖會使蛋白霜變軟，但是繼續打發的話就會再次變硬。

1 製作蛋白霜

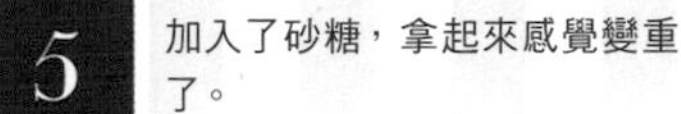

5 加入了砂糖，拿起來感覺變重了。

6 再加入1大匙砂糖，以攪拌器打發。重覆進行③～⑤的程序，直到準備好的砂糖全部用完為止。

7 將最後的砂糖與玉米澱粉混合，加入6中。再度打發，覺得拿起來的感覺有變重即可。

8 最後將攪拌器與液面垂直，降為低速，像是畫圓一樣在大碗中轉5～6圈。這個步驟是為了讓蛋白霜變成不易消泡的狀態。

9 拿起攪拌器，將蛋白霜靜置2～3分鐘。這是為了確認蛋白霜的好壞（穩定性）。

2 製作蛋黃麵糊

10 在等待蛋白霜的期間，開始製作蛋黃麵糊。準備一個新的大碗，將蛋黃、水與油倒入碗中。

11 接著倒入麵粉。

12 將攪拌器垂直立起，以中速將材料混合。這時要盡可能避免打發，在大碗中像是畫圓般以一定的方向移動，像是攪拌般讓水與油進行乳化。（可以直接使用製作蛋白霜時的攪拌器，不洗也沒關係）

13 打到因為麵粉的麩質而產生黏性之後，乳化作業就完成了。

14 做好蛋黃麵糊之後，接著確認蛋白霜的狀態。狀態良好的蛋白霜看起來不會有什麼太大的變化，但如果是狀態不穩定的蛋白霜，表面會變得乾巴巴的（A）。要調整成狀態好的蛋白霜，需要固定手肘，拿著打蛋器，只旋轉手腕打出細小的泡沫（B）。因為乾掉的蛋白霜已經消泡，需要再度打發成穩定的狀態。

3 完成麵糊

15 將蛋白霜與蛋黃麵糊混合。以刮刀撈起幾乎與蛋黃麵糊等量的蛋白霜，放入蛋黃麵糊的大碗中。

16 以刮刀加以混合，直到看不見蛋白霜的白色為止。

17 將剩下的蛋白霜分成兩次加入，加以混合。在看不到蛋白霜的白色之後，最後再稍微混合一下。仔細混合可以讓味道均一，完成美味的麵糊。

混合時必須注意的3個重點

加入蛋黃麵糊的「水」，要使用和人體肌膚溫度差不多的「溫水」

有助於讓油脂乳化的過程進行得更順利，做出狀態優良的麵糊。
判斷基準為將手指放入水中時，會感覺到微溫的「人體肌膚溫度的程度」。

「輕柔攪拌，以一定的方向進行混合」是製作蛋黃麵糊的關鍵！

要混合「蛋黃、水、油、麵粉」，隨便亂混一通是NG的。直到最後都要以一定的方向畫圓，直到麵粉產生黏性為止，仔細混合均勻。

混合蛋黃麵糊與蛋白霜，除了用眼睛看之外，「手的感覺」也很重要

將蛋白霜全部加入蛋黃麵糊，攪拌到看不見白色的部分之後，稍微再混合一下可以讓味道更均一。要判斷是否已經混合好的關鍵，在於「手的感覺」。在混合麵糊時，要一直攪拌到「手所感覺到的重量」都變得一樣為止。藉由多次製作麵糊，去慢慢抓住訣竅吧。

4 烘烤

18 將17倒入模型中。不在模型內塗油是重點。從開始烤到烤好，麵糊不會縮水，而會穩定的保持在膨脹的狀態。

19 將模型搖一搖，讓表面平整。

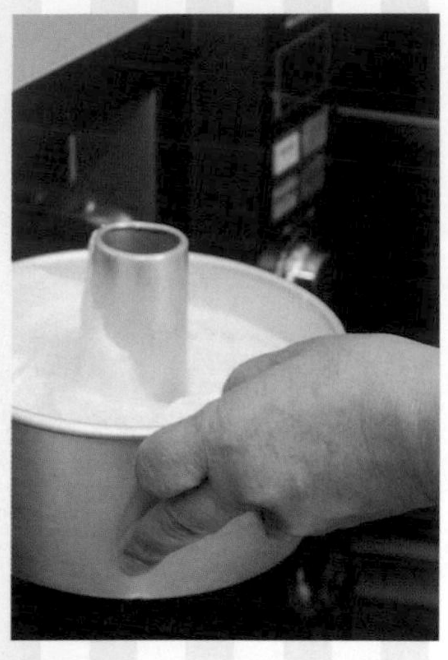

20 放入預熱過的烤箱中。以160℃左右的中溫烤約30分鐘（20cm的模型則約35分鐘）。

21 烤好後從烤箱中取出，以模型底部輕敲桌面後將之倒扣放涼。稍微放涼之後，就這樣倒放大概半天左右讓蛋糕熟成。（夏季時也可以放到冰箱中冷藏靜置）

5 脫模

22 要吃的時候再將蛋糕取出。用指尖沿著模型外側的邊緣輕壓之後，往自己的方向（筒側）拉。重覆該動作繞行一圈之後，就可以將蛋糕脫模。

23 接著在芯的周圍向下輕壓大約1/3，讓蛋糕與模型分開。

24 用手指從模型底部往上推，慢慢的將蛋糕從模型中取出。

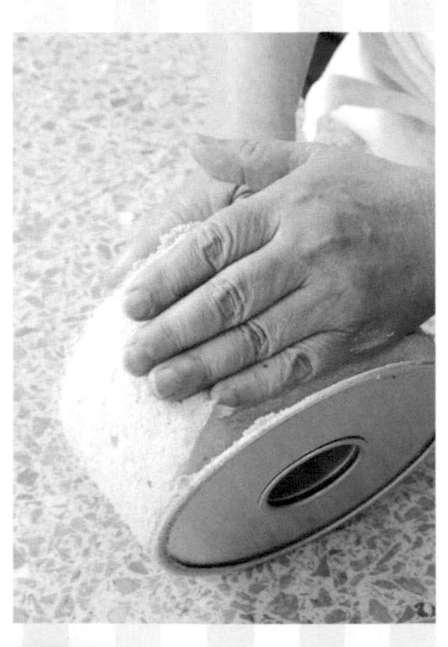

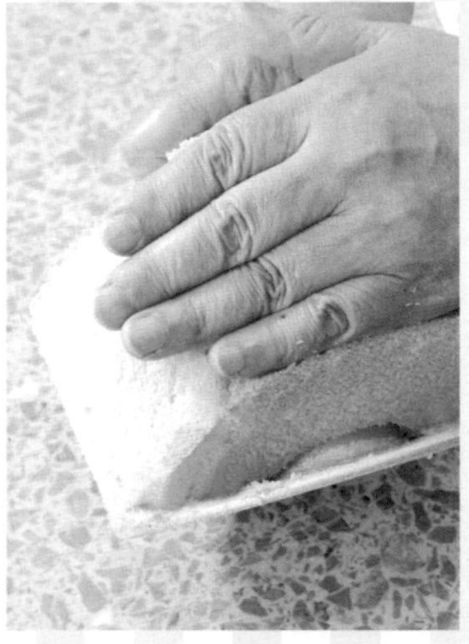

25 最後讓模型底部與蛋糕分離。橫放，以小指的側邊像是輕壓往上移般，將蛋糕從模型上剝離，取下模型底部的部分。

Plain Ciffon

Chapter2

水果、果乾

Fruits Ciffon Cakes

本章要介紹的是以原味戚風的麵糊為基底，
使用草莓、檸檬等新鮮水果的特別版戚風，
這些都是可以充分享受到食材顏色和風味的蛋糕。
此外，也請務必試試看使用能夠常備在家中、
相當方便的果乾類食譜！

草莓優格戚風

將春天正值產季的草莓配上與它很搭的優格。濕潤的蛋糕體也是特徵之一。將加了草莓糊與優格的粉色鮮奶油精巧的淋在蛋糕上，營造出可愛的氛圍。

材料

	（17cm模型）	（20cm模型）
蛋白	110g	170g
細砂糖	70g	110g
玉米澱粉	6g	10g
蛋黃	50g	80g

	（17cm模型）	（20cm模型）
植物油	40g	60g
原味優格	50g	80g
草莓（切小塊）	65g	100g
低筋麵粉	65g	100g

作法

1. 以蛋白、砂糖和玉米澱粉製作硬性蛋白霜。
2. 將草莓加入優格中，稍微把草莓壓碎。
3. 在大碗中放入蛋黃、油、2，一邊把草莓壓碎一邊將整體均勻混合，再加入麵粉混合。
4. 確認1的蛋白霜的狀態之後，加入大約與3等量的蛋白霜至麵糊中加以混合。接著再次確認剩餘蛋白霜的狀態，調整成良好狀態之後加入混合。
5. 將麵糊倒入模型中，以160℃左右的烤箱烤大約35分鐘（20cm模型的話約為40分鐘）。
6. 烤好之後將模型從烤箱中取出，以模型底部輕敲桌面後，將模型倒扣放涼。
7. 靜置半天左右後再進行脫模。

裝飾用鮮奶油霜

材料

	（17cm模型）	（20cm模型）
鮮奶油	50g	90g
細砂糖	5g	9g
草莓糊（奶油霜用）	30g	50g
原味優格	60g	100g
草莓糊（裝飾用）	適量	適量
草莓（裝飾用）	適量	適量

作法

1. 在大碗內放入鮮奶油和砂糖。將大碗隔冰水降溫，將鮮奶油打發。
2. 將草莓糊與優格加入1內攪拌，打發至七分的程度。
3. 將2從戚風蛋糕上方淋下A，使用刮刀讓鮮奶油霜慢慢流到下方。
4. 以草莓糊在蛋糕上方淋上兩圈，再以竹籤畫出花樣B，最後擺上草莓。

A

B

草莓戚風

不使用水，而是用草莓糊來代替水分的戚風蛋糕。不只是用於製作麵糊，藉由在蛋糕表面塗上草莓糊，不但能讓草莓的風味更上一層樓，也讓外觀看起來更加華麗。

Recipe

材料

	（17cm模型）	（20cm模型）
蛋白	110g	170g
細砂糖	70g	90g
玉米澱粉	6g	10g
蛋黃	50g	80g
植物油	40g	60g

	（17cm模型）	（20cm模型）
草莓糊	50g	80g
切碎的草莓	60g	100g
低筋麵粉	55g	90g
草莓糊	130g	80g
草莓（裝飾用）	10顆	8顆

作法

1. 以蛋白、砂糖和玉米澱粉製作硬性蛋白霜。
2. 在大碗中放入蛋黃、油、草莓糊、切碎的草莓A混合後，再加入麵粉混合。
3. 確認1的蛋白霜的狀態之後，加入大約與2等量的蛋白霜至麵糊中仔細混合。
4. 再次確認剩餘蛋白霜的狀態，將一半的量加入3內快速混合。
5. 將剩下的蛋白霜加入，仔細混合。
6. 將麵糊倒入模型中，以160℃左右的烤箱烤大約35分鐘（20cm模型的話約為45分鐘）。
7. 烤好之後將模型從烤箱中取出，以模型底部輕敲桌面，將模型倒扣，靜置半天左右讓蛋糕完全冷卻。
8. 把蛋糕從模型中取出，將加熱至快要沸騰的草莓糊趁熱塗在蛋糕體上，最後放上切片的草莓作為裝飾B。

A

B

● 與「草莓」有關的小知識

草莓使用什麼品種都可以，不過選擇熟透的、比較甜的會比較好。

覆盆子戚風

這是我還在法國時所想出的戚風蛋糕。我非常喜歡覆盆子，想說「不曉得這個能不能放到戚風麵糊裡呢？」就嘗試了一下，很順利的成功了！這個蛋糕也頗受法國人的好評。在法國的話，初夏可以買到新鮮的覆盆子，不過在日本很難買到新鮮的，因此店裡使用的是歐洲產的冷凍製品。在冷凍的狀態下直接加入麵糊裡然後放進烤箱烤。令人高興的是，這個蛋糕現在是店裡的招牌商品。

Recipe

材料

	(17cm模型)	(20cm模型)
冷凍覆盆子	60g	90g
蛋白	110g	170g
細砂糖	70g	110g
玉米澱粉	6g	10g

	(17cm模型)	(20cm模型)
蛋黃	50g	80g
水	40g	60g
植物油	40g	60g
檸檬汁	3g	5g
低筋麵粉	60g	90g

作法

1. 將覆盆子在冷凍的狀態下各顆切成4～6等分，整體灑上低筋麵粉（分量外）A後，直到要使用之前都放在冷凍庫裡，以防止解凍。
2. 以蛋白、砂糖和玉米澱粉製作硬性蛋白霜。
3. 在大碗中放入蛋黃、水、油與檸檬汁輕輕混合，再加入麵粉混合。
4. 確認2的蛋白霜的狀態之後，加入大約與3等量的蛋白霜至麵糊中加以混合。接著再次確認剩餘蛋白霜的狀態，調整成良好狀態之後加入混合B。
5. 混合至看不見蛋白霜的白色之後加入1，注意不要將多餘的粉加入麵糊中C。為了讓覆盆子均勻分佈在麵糊中，輕輕攪拌混合D。
6. 將麵糊倒入模型中，以160℃左右的烤箱烤大約40分鐘（20cm模型的話約為45分鐘）。

A

C

B

D

裝飾用鮮奶油霜

材料

	(17cm模型)	(20cm模型)
鮮奶油	140g	200g
細砂糖	12g	18g
覆盆子糊	20g	30g
覆盆子果實	8顆	10顆
薄荷葉	8片	10片

作法

1. 在大碗內放入鮮奶油和砂糖。將大碗隔冰水降溫，邊將鮮奶油稍微打發。
2. 將覆盆子糊與1混合，塗抹在蛋糕表面，剩下的鮮奶油霜放入擠花袋中使用。
3. 以覆盆子果實和薄荷葉裝飾。

春色戚風

以女兒節的菱餅為靈感所想出的戚風蛋糕。不使用食用色素，綠色使用艾草，粉紅色則是使用草莓來染色。這兩種顏色再加上原味總共三色。當我在煩惱這個蛋糕該叫什麼才好時，友人幫我取了「春色戚風」這個名字。照片中的蛋糕為了要有所變化所以做成了大理石紋，不過紋樣會因為將麵糊倒入模型的方式而跟著改變，看是要像菱餅那樣做成層次分明的三層，或是改變顏色順序等，請依照個人喜好來製作。

材料

	(17cm模型)	(20cm模型)
蛋白	110g	170g
細砂糖	70g	110g
玉米澱粉	6g	10g
蛋黃	50g	80g
水	40g	60g
植物油	40g	60g

	(17cm模型)	(20cm模型)
低筋麵粉	65g	100g
乾燥艾草	2g	3g
水	6g	9g
草莓糊	30g	50g

作法

1 先用水將艾草浸濕A。

2 以蛋白、砂糖和玉米澱粉製作硬性蛋白霜。

3 混合蛋黃、水、油與麵粉。

4 確認2的蛋白霜的狀態之後，加入大約與3等量的蛋白霜至麵糊中加以混合。接著再次確認剩餘蛋白霜的狀態，調整成良好狀態之後加入混合。混合至看不見蛋白霜的白色之後注意麵糊的狀態，在快要變成原味麵糊前停止攪拌。

5 從4的麵糊中取出100g（20cm模型的話為160g），加入1的艾草中混合B。

6 再從4的麵糊中取出130g（20cm模型的話為220g），加入草莓糊中混合C。

7 將4剩下的麵糊輕輕混合。

8 在將麵糊倒入模型時，輪流將粉紅色（6的草莓麵糊）、白色（7的麵糊）、綠色（5的艾草麵糊）交互放入D。

9 以160℃左右的烤箱烤大約40分鐘（20cm模型的話約為45分鐘）。

A

C

B

D

裝飾用鮮奶油霜

材料

	(17cm模型)	(20cm模型)
鮮奶油	140g	200g
細砂糖	12g	18g
草莓糊	30g	50g
草莓（裝飾用）	8顆	10顆

作法

1 在大碗內放入鮮奶油和砂糖。將大碗隔冰水降溫並攪拌，將鮮奶油打發至八分。

2 以刮刀將草莓糊和1混合。

3 將2塗抹在蛋糕表面，做出花紋。最後擺上切片草莓。

藍莓戚風

使用糖漿煮藍莓與藍莓糊完成了紫色的麵糊。由於藍莓含有多酚（花色素苷），會讓麵糊容易變色，加入少量的檸檬汁可以讓麵糊的顯色更加好看。但是如果酸的含量過多，就會成為失敗的原因，所以請按照食譜所記載的量來添加檸檬汁吧。

材料

	(17cm模型)	(20cm模型)
蛋白	110g	170g
細砂糖	70g	110g
玉米澱粉	6g	10g
蛋黃	50g	80g
水	15g	20g
植物油	35g	50g
藍莓糊	45g	70g

	(17cm模型)	(20cm模型)
檸檬汁	4g	6g
低筋麵粉	65g	100g
糖漿煮藍莓(事先去除水分)※	30g	50g

※糖漿煮藍莓的作法
將藍莓(冷凍)與占藍莓重量40%的細砂糖放入鍋中一起加熱，稍微煮過。

作法

1. 以蛋白、砂糖和玉米澱粉製作硬性蛋白霜。
2. 在大碗中放入蛋黃、藍莓糊、水、植物油、檸檬汁與低筋麵粉，以一定的方向攪拌混合A、B。
3. 確認1的蛋白霜狀態之後，加入大約與2等量的蛋白霜至麵糊中加以混合C。
4. 在還看得見蛋白霜白色部分時加入糖漿煮藍莓，為使藍莓能均勻分佈在麵糊中，仔細混合。
5. 再次確認剩餘蛋白霜的狀態，調整成良好狀態之後加入混合。在還看得見蛋白霜的白色時，將剩下的蛋白霜也加入大碗中，仔細混合D。
6. 將麵糊倒入模型中，以160℃左右的烤箱烤大約30分鐘(20cm模型的話約為45分鐘)。
7. 烤好後將模型從烤箱中取出，以模型底部輕敲桌面，將模型倒扣放涼。
8. 靜置半天左右再脫模。

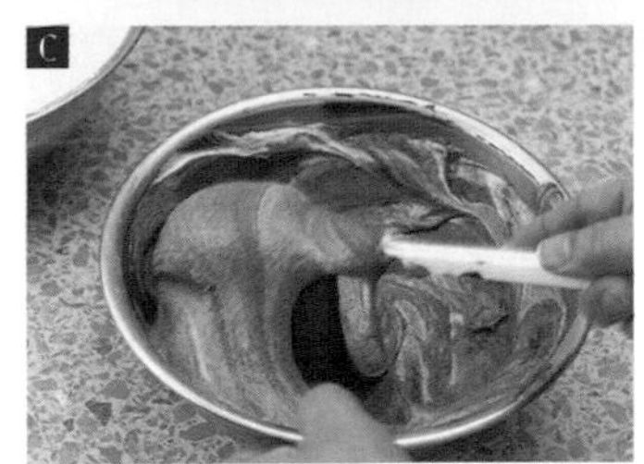

裝飾用鮮奶油霜

材料

	(17cm模型)	(20cm模型)
鮮奶油	140g	200g
細砂糖	12g	18g
櫻桃白蘭地	少許	少許
藍莓	24顆	30顆
薄荷葉	8片	10片

作法

1. 在大碗內放入鮮奶油和砂糖後稍微打發，再加入櫻桃白蘭地加以混合。
2. 將1塗抹在脫模後的蛋糕上。以抹刀的前端取少量鮮奶油霜，在上方及側面做出紋路。進行側面裝飾時，讓抹刀以由下往上提的方式移動，就可以塗得很漂亮E。
3. 在蛋糕上方以藍莓和薄荷葉裝飾。切成喜歡的大小後盛盤F。

莓果戚風

在麵糊裡混進了藍莓與覆盆子，也加了滿滿的莓果醬料，製成相當華麗的特別版戚風蛋糕。因為顏色非常好看，所以也很推薦作為在特別的日子裡食用的蛋糕。冷藏之後更加美味，是一款適合夏日的清爽戚風。

材料

	(17cm模型)	(20cm模型)
蛋白	110g	170g
細砂糖	70g	110g
玉米澱粉	6g	10g
蛋黃	50g	80g
水	40g	60g
檸檬汁	6g	10g
磨碎的檸檬皮	少許	少許
植物油	40g	60g
低筋麵粉	60g	90g
藍莓糊	15g	25g

	(17cm模型)	(20cm模型)
糖漿煮藍莓（參考P.31）	1又1/2大匙	2大匙
覆盆子糊	20g	35g
覆盆子	18g	30g
*醬料		
糖漿煮藍莓的煮汁	12g	20g
覆盆子糊	50g	80g
*裝飾用		
藍莓	8顆	10顆
覆盆子	8顆	10顆
薄荷葉	8片	10片

作法

1. 以蛋白、砂糖和玉米澱粉製作硬性蛋白霜。
2. 在大碗中放入蛋黃、水、檸檬汁、檸檬皮與植物油，稍微混合。
3. 加入低筋麵粉，以同一個方向慢慢攪拌。
4. 確認1的蛋白霜狀態之後，加入大約與3等量的蛋白霜至麵糊中加以混合。
5. 再次確認剩餘蛋白霜的狀態，將一半的量加入4內，快速混合。將剩下的蛋白霜也加入，仔細混合。
6. 在90g的麵糊中(20cm模型的話為150g)加入覆盆子糊加以混合A。
7. 在100g的麵糊中（20cm模型的話為170g）加入藍莓糊與瀝乾水分的糖漿煮藍莓加以混合B。
8. 將灑上低筋麵粉（分量外）的覆盆子加入剩下的麵糊中C，快速混合。
9. 把麵糊交互倒入模型中D、E，以160℃左右的烤箱烤大約45分鐘(20cm模型的話約為50分鐘)。
10. 烤好後將模型從烤箱中取出，以模型底部輕敲桌面，將模型倒扣放置，直到蛋糕完全冷卻。
11. 準備醬料。將砂糖煮藍莓的煮汁與覆盆子糊放入鍋中，加熱至快要沸騰的程度。
12. 趁熱將11塗在從模型取出的蛋糕上F。以藍莓、覆盆子和薄荷葉裝飾。

蘋果戚風

在紅玉的產季10月與11月左右時會推出的戚風蛋糕。酸甜的滋味與漂亮的紅色是紅玉的魅力。只要使用紅玉的話，就很容易表現美麗的紅色。常常會被問說「是不是有放什麼色素呢？」，但這其實是紅玉蘋果外皮自然的顏色。不只顯色，和其他種類的蘋果比起來，紅玉的果肉緊緻、水分少，還有恰到好處的酸味，最適合用來做蛋糕。

Recipe

材料

	（17cm模型）	（20cm模型）
蛋白	110g	170g
細砂糖	60g	90g
玉米澱粉	6g	10g
蛋黃	50g	80g
水	40g	60g
植物油	40g	60g
低筋麵粉	55g	90g
砂糖煮紅玉（※）	150g	250g

※砂糖煮紅玉的作法
將2顆大的紅玉蘋果厚厚削去一層皮之後，去芯並切成塊，果皮的部分則切碎。將果肉與皮的重量合計，加入占總重15%的細砂糖後，煮到水分收乾為止A。

作法

1 以蛋白、砂糖和玉米澱粉製作硬性蛋白霜。
2 在大碗中放入蛋黃、水、油與麵粉加以混合。
3 加入砂糖煮紅玉，輕輕拌勻。
4 確認1的蛋白霜狀態之後，加入大約與3等量的蛋白霜至麵糊中仔細混合。
5 再次確認剩餘蛋白霜的狀態，將一半的量加入4內，快速混合。
6 將剩下的蛋白霜也加入大碗中，仔細混合。
7 把麵糊倒入模型中，以160℃左右的烤箱烤大約35分鐘（20cm模型的話約為50分鐘）。
8 烤好後將模型從烤箱中取出，以模型底部輕敲桌面，將模型倒扣放置，直到蛋糕完全冷卻。

A

B

裝飾用鮮奶油霜

材料

	（17cm模型）	（20cm模型）
鮮奶油	140g	200g
細砂糖	12g	18g
蘋果白蘭地	少許	少許
砂糖煮紅玉	少許	少許
細葉香芹	少許	少許

作法

1 在大碗內放入鮮奶油和砂糖。將大碗隔冰水降溫將鮮奶油打發，加入蘋果白蘭地。
2 蛋糕冷卻後以手將蛋糕從模型中取出，塗上1，再以砂糖煮紅玉和細葉香芹裝飾B。

柳橙戚風

在麵糊中加入了柳橙果汁與自製的糖漬橙皮，味道清爽。雖然市面上也可以買到糖漬橙皮，但是自己動手做的話，香氣與滋味都會更上一層樓。糖漬橙皮也可以用在製作戚風蛋糕以外的點心，所以相當方便。細砂糖的分量可以依個人喜好來決定。

材料

	（17cm模型）	（20cm模型）
蛋白	110g	170g
細砂糖	70g	110g
玉米澱粉	6g	10g
蛋黃	50g	80g
水	15g	20g
植物油	40g	60g
柳橙果汁	30g	50g
低筋麵粉	60g	90g
糖漬橙皮（※1）	130g	200g
糖漿煮柳橙（※2）	少許	少許

※糖漬橙皮的作法
水煮柳橙皮，沸騰之後將水倒掉，再次加水煮到柳橙皮變軟為止。將柳橙皮以篩網撈起後切碎，加入占柳橙皮厚度35%的細砂糖，以可以蓋過柳橙皮的水量一起煮。煮到水分收乾A，會發出「劈啪」聲即可，保存時須浸漬在柳橙利口酒中。

※糖漿煮柳橙的作法
以細砂糖比水1：3的比例製作糖漿。將切成薄片的柳橙放入煮沸的糖漿中，以小火煮到皮與果肉間的白色部分變透明為止。

作法

1 以蛋白、砂糖和玉米澱粉製作硬性蛋白霜。
2 在大碗中放入蛋黃、水、植物油與柳橙果汁攪拌後，再加入麵粉加以混合。
3 將糖漬橙皮加入2中，輕輕拌勻。
4 確認1的蛋白霜狀態之後，加入大約與3等量的蛋白霜至麵糊中仔細混合。
5 再次確認剩餘蛋白霜的狀態，將一半的量加入4內，快速混合。
6 將剩下的蛋白霜也加入大碗中，仔細混合。
7 將糖漿煮柳橙貼在模型內側B，把麵糊倒入模型中，以160℃左右的烤箱烤大約30分鐘（20cm模型的話約為45分鐘）。
8 烤好後將模型從烤箱中取出，以模型底部輕敲桌面，將模型倒扣放置，直到蛋糕完全冷卻。
9 將蛋糕從模型中取出C。

A

B
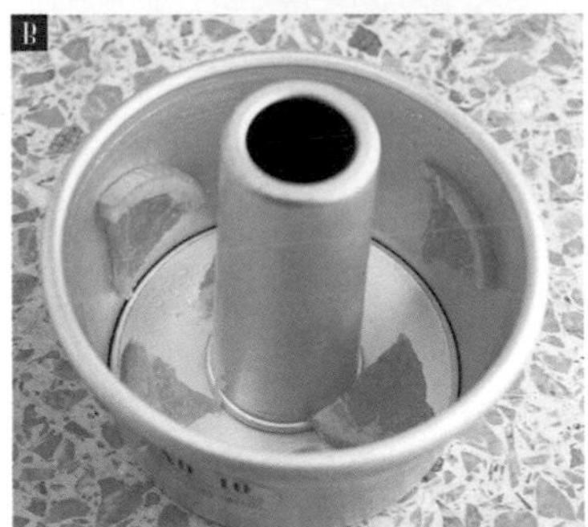

C

檸檬戚風

以檸檬的黃與薄荷葉的綠作為重點點綴，充滿清爽感的一品。手工製作的煮檸檬，酸酸甜甜的滋味更能襯托戚風蛋糕的風味。只要再精巧的淋上檸檬糖霜，就能完成整體更為精緻的戚風了！

材料

	（17cm模型）	（20cm模型）
蛋白	110g	170g
細砂糖	70g	90g
玉米澱粉	6g	10g
蛋黃	50g	80g
水	40g	60g
植物油	40g	60g
低筋麵粉	60g	90g
煮檸檬※	90g	140g

※煮檸檬的作法

1. 將冷凍檸檬解凍，把檸檬汁擠出備用。
2. 去掉蒂頭與種子，以食物調理機攪拌，將檸檬變成非常細碎的狀態。
3. 將1與2放入鍋中，加入占檸檬重量60%的細砂糖後開火，煮到水分收乾。

作法

1. 以蛋白、砂糖和玉米澱粉製作硬性蛋白霜。
2. 在大碗中放入蛋黃、水、植物油與麵粉，以一定方向慢慢攪拌混合。
3. 將煮檸檬加人2中，輕輕混合A。
4. 確認1的蛋白霜狀態之後，加入大約與3等量的蛋白霜至麵糊中B，一直攪拌到看不見白色的部分為止C。
5. 確認剩餘蛋白霜，調整成良好狀態後，將一半的量加入混合。在還殘留蛋白霜的白色時，將剩下的蛋白霜也加入大碗中仔細混合D。
6. 把麵糊倒入模型中，一邊將模型傾斜使麵糊表面平整E。以160℃左右的烤箱烤大約35分鐘（20cm模型的話約為45分鐘）。
7. 烤好後將模型從烤箱中取出，以模型底部輕敲桌面，將模型倒扣放置冷卻。
8. 將蛋糕靜置約半天後從模型中取出。

裝飾用糖霜

材料

	（17cm模型）	（20cm模型）
糖粉	100g	100g
檸檬汁	1顆的量	1顆的量
檸檬（切圓片）	適量	適量
薄荷葉	適量	適量

作法

1. 將糖粉與檸檬汁加入大碗中混合，做出較稀軟的糖霜。
2. 將1淋在從模型中取出的蛋糕上，再以檸檬和薄荷葉裝飾。切成喜歡的大小後盛盤F。

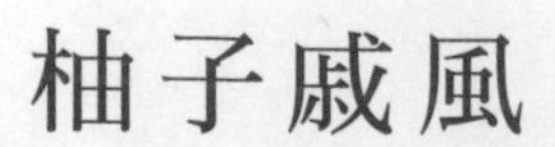

柚子戚風

使用在越南所找到的可愛花形模型及加了糖漿煮柚子的麵糊所完成的蛋糕。照片中最前方的是沒有中間的筒、像是杯子蛋糕一樣的模型。

Recipe

材料

	（17cm 模型）	（20cm 模型）
蛋白	110g	170g
細砂糖	70g	110g
玉米澱粉	6g	10g
蛋黃	50g	80g
水	40g	60g
植物油	40g	60g
低筋麵粉	60g	90g
砂糖煮柚子（※）	110g	170g

※砂糖煮柚子的作法

將2顆大柚子連皮切成適當的大小，去掉種子後再切成小塊。加入占柚子重量40%的細砂糖後，以蓋過柚子的水量一起煮。

作法

1 以蛋白、砂糖和玉米澱粉製作硬性蛋白霜。

2 在大碗中放入蛋黃、水、植物油與砂糖煮柚子A，將整體均勻混合。

3 加入低筋麵粉，以一定方向慢慢攪拌混合。

4 確認1的蛋白霜狀態之後，加入大約與3等量的蛋白霜至麵糊中仔細混合。

5 再次確認剩餘蛋白霜的狀態，將一半的量加入4裡快速混合。

6 把剩下的蛋白霜加入，仔細混合。

7 把麵糊倒入模型中，以160℃左右的烤箱烤大約30分鐘（20cm模型的話約為45分鐘）。

8 烤好後將模型從烤箱中取出，以模型底部輕敲桌面，將模型倒扣放置，直到蛋糕完全冷卻。

9 將蛋糕從模型中取出B。

A

B

● 與「柚子」有關的小知識

柚子是日本代表性的柑橘類，清爽的酸味與微微的苦味是其特徵。食譜裡所使用的是秋季至冬季出產的黃柚子，整顆連皮用砂糖煮。在柚子盛產期時，事先做起來備用的話會很方便。

杏桃戚風

加了滋味酸甜、色彩鮮艷的杏桃。不是使用新鮮杏桃，而是使用濃縮了水果甜味、營養價值也很高的果乾。比起新鮮水果，果乾的水分少，加入麵糊內比較不容易失敗，是很讓人開心的食材。

材料

	(17cm模型)	(20cm模型)
蛋白	110g	170g
細砂糖	70g	110g
玉米澱粉	6g	10g
蛋黃	50g	80g
水	30g	50g
植物油	40g	60g
杏桃糊	40g	60g
低筋麵粉	60g	90g

	(17cm模型)	(20cm模型)
利口酒漬杏桃乾(※)	55g	90g

※利口酒漬杏桃乾的作法
將杏桃乾浸漬在杏桃利口酒中一個星期以上。

作法

1. 以蛋白、砂糖和玉米澱粉製作硬性蛋白霜。
2. 在大碗中放入蛋黃、水、植物油、恢復到常溫的杏桃糊A加以混合。
3. 加入低筋麵粉，以同一個方向慢慢攪拌均勻。
4. 加入切碎的利口酒漬杏桃乾，稍微混合。
5. 確認1的蛋白霜的狀態之後，加入大約與4等量的蛋白霜至麵糊中仔細混合。
6. 再次確認剩餘蛋白霜的狀態，將一半的量加入5，快速混合。
7. 將剩下的蛋白霜加入，仔細混合。
8. 將麵糊倒入模型中，以160℃左右的烤箱烤大約35分鐘（20cm模型的話為45分鐘）。
9. 烤好之後將模型從烤箱中取出，以模型底部輕敲桌面，將模型倒扣放置，直到蛋糕完全冷卻。

A

B

裝飾用鮮奶油霜

材料

	(17cm模型)	(20cm模型)
鮮奶油	140g	200g
細砂糖	12g	18g
杏桃糊	20g	30g
糖漿煮杏桃(罐頭)	少許	少許
細葉香芹	8片	10片

作法

1. 在大碗內放入鮮奶油和砂糖。將大碗隔冰水降溫將鮮奶油打發，加入杏桃糊。
2. 將1塗在從模型中取出的蛋糕上，再以糖漿煮杏桃和細葉香芹裝飾B。

果乾戚風

使用自製的「蘭姆酒漬果乾」。水果的甜味與蘭姆酒的香氣能夠更加引出戚風蛋糕的美味。加入切碎的核桃，為味道和口感增加特色。

Recipe

材料

	（17cm模型）	（20cm模型）
蛋白	110g	170g
細砂糖	70g	110g
玉米澱粉	6g	10g
蛋黃	50g	70g
水	40g	60g
植物油	40g	60g
低筋麵粉	60g	90g
核桃	20g	30g
蘭姆酒漬果乾（※）	1/2杯	少於1杯

※蘭姆酒漬果乾的作法
將葡萄乾、李子乾、杏桃、藍莓、櫻桃、柳橙皮和檸檬皮等水果浸漬在蘭姆酒中至少一個星期。

作法

1. 以蛋白、砂糖和玉米澱粉製作硬性蛋白霜。
2. 在大碗中放入蛋黃、水、植物油還有低筋麵粉，慢慢攪拌均勻。
3. 將果乾與切碎的核桃加入2裡，稍微混合。
4. 確認1的蛋白霜的狀態之後，加入大約與3等量的蛋白霜至麵糊中仔細混合。
5. 再次確認剩餘蛋白霜的狀態，將一半的量加入4，快速混合。
6. 將剩下的蛋白霜加入，仔細混合。
7. 將麵糊倒入模型中，以160℃左右的烤箱烤大約30分鐘（20cm模型的話約為45分鐘）。
8. 烤好之後將模型從烤箱中取出，以模型底部輕敲桌面，將模型倒扣放置，直到蛋糕完全冷卻。
9. 將蛋糕從模型中取出A，切成自己喜歡的大小即可。

A

● 與「果乾」有關的小知識

選用自己喜歡的果乾，切碎後以蘭姆酒醃漬至少一星期之後再使用。加入核桃，就可以增添口感。

柿餅與柿葉茶戚風

配合柿餅，使用了柿葉茶。
蛋糕之所以會呈現漂亮的綠色，是因為加了煎茶。

材料

	（17cm模型）	（20cm模型）
蛋白	110g	170g
細砂糖	60g	90g
玉米澱粉	6g	10g
蛋黃	50g	80g
水	40g	60g

	（17cm模型）	（20cm模型）
植物油	40g	60g
低筋麵粉	60g	90g
磨碎的柿葉茶	3g	5g
磨碎的煎茶	3g	5g
冷凍柿餅	2個	3個

作法

1. 將冷凍柿餅切碎，灑上低筋麵粉（分量外），再次冷凍。
2. 以蛋白、砂糖和玉米澱粉製作硬性蛋白霜。
3. 在大碗中放入蛋黃、水、植物油還有低筋麵粉，慢慢攪拌均勻。
4. 確認2的蛋白霜的狀態之後，加入大約與3等量的蛋白霜至麵糊中仔細混合。
5. 再次確認剩餘蛋白霜的狀態，將一半的量加入4，快速混合。
6. 將剩下的蛋白霜加入，仔細混合。
7. 將磨碎的煎茶以3倍的水（分量外）沖泡後，加入50g（20cm模型的話為80g）6的麵糊，仔細攪拌均勻。
8. 將磨碎的柿葉茶和1的柿餅加入剩下的麵糊中攪拌，讓柿餅能平均分佈在麵糊中。
9. 加入7的麵糊，將兩種麵糊以切拌法稍微混合，做成大理石花紋。將麵糊倒入模型中，以160℃左右的烤箱烤大約35分鐘（20cm模型的話約為45分鐘）。
10. 烤好之後將模型從烤箱中取出，以模型底部輕敲桌面，將模型倒扣放置，直到蛋糕完全冷卻。
11. 將蛋糕從模型中取出A。

A

● 與「柿餅」有關的小知識

最近的柿餅有許多都很柔軟，裡面還含有水分。因此與使用果乾時的作法不同，先將柿餅冷凍之後再使用，才能順利烤出成功的蛋糕。

香蕉戚風

充分發揮香蕉的甜味，小朋友也很喜歡的戚風蛋糕。

材料

	（17cm模型）	（20cm模型）
蛋白	110g	170g
細砂糖	60g	90g
玉米澱粉	6g	10g
蛋黃	50g	80g
水	20g	30g
植物油	40g	70g

	（17cm模型）	（20cm模型）
香蕉（搗碎用）	60g	90g
低筋麵粉	65g	100g
香蕉（切成大塊）	90g	140g
鮮奶油	適量	適量
細砂糖	適量	適量
薄荷葉（裝飾用）	適量	適量

作法

1. 以蛋白、砂糖和玉米澱粉製作硬性蛋白霜。
2. 在大碗中放入蛋黃、水、植物油還有切小塊的香蕉，像是要把香蕉壓碎般攪拌，之後再加入低筋麵粉，慢慢攪拌均勻。
3. 麵粉開始出現黏性性後，加入切成大塊的香蕉稍微混合。
4. 確認1的蛋白霜的狀態之後，加入大約與3等量的蛋白霜至麵糊中仔細混合。之後再次確認剩餘蛋白霜的狀態，調整成良好狀態後加入麵糊中混合。
5. 將麵糊倒入模型中，以160℃左右的烤箱烤大約40分鐘（20cm模型的話約為45分鐘）。
6. 烤好之後將模型從烤箱中取出，以模型底部輕敲桌面，將模型倒扣放置冷卻。
7. 靜置半天左右，要吃的時候才將蛋糕從模型中取出切塊。擠上加了細砂糖打發的鮮奶油，放上薄荷葉裝飾。

Chapter3

蔬菜

Vegetable Ciffon Cakes

在原味麵糊中加入蔬菜來調色，
或是加入切塊的蔬菜來增添口感，
以蔬菜為主角的戚風蛋糕。
將介紹有三種顏色、色彩繽紛的「蔬菜戚風」
和連皮都一起使用、滋味深邃的「南瓜戚風」等
店裡的招牌蛋糕。

蔬菜戚風

在我的小孩還小的時候，看到加了紅、黃、綠三種顏色的麵包，因為很喜歡那些漂亮的顏色，所以吃了很多。「這種顏色能不能也用在戚風蛋糕上呢？」—— 這就是我發想出這個蛋糕的契機。我決定紅色用番茄、黃色用南瓜，綠色則是用菠菜！那麼，味道呢？當初在試作的時候，顏色雖然很漂亮，但是味道卻因為三種蔬菜混雜在一起而變成了怪味。在進行各種錯誤的嘗試之後，我發現加入檸檬可以降低蔬菜獨特的氣味。就這樣，顏色是蔬菜的顏色，味道則是檸檬口味的戚風蛋糕誕生了。

材料

	（17cm模型）	（20cm模型）
蛋白	110g	170g
細砂糖	70g	110g
玉米澱粉	6g	10g
蛋黃	50g	80g
水	40g	60g
植物油	40g	60g
檸檬汁	12g	20g
檸檬皮（磨碎）	1/3顆的量	1/2顆的量
低筋麵粉	60g	90g
南瓜泥	12g	20g
番茄泥	6g	10g
菠菜糊	9g	15g

作法

1. 以蛋白、砂糖和玉米澱粉製作硬性蛋白霜。
2. 在大碗中放入蛋黃、水、油、檸檬汁和檸檬皮混合之後，再加入麵粉慢慢攪拌均勻。
3. 確認1的蛋白霜的狀態之後，加入大約和2等量的蛋白霜至麵糊中混合。之後再次確認剩餘蛋白霜的狀態，調整成良好狀態後加入麵糊中混合。
4. 從3的麵糊中取出各60g（20cm模型的話為100g），分別放到不同的大碗內，剩下的麵糊放在一旁備用。
5. 製作黃色麵糊。將4所分好的其中一份麵糊加入一點到南瓜泥中A，混合均勻之後再將剩下的麵糊也加入，仔細攪拌混合B。
6. 進行和5同樣的作業，紅色麵糊使用番茄泥C、綠色麵糊則是使用菠菜糊來完成D。
7. 將4所剩下來的白色麵糊（原味）稍微攪拌之後，依照黃（南瓜）、紅（番茄）、綠（菠菜）、白的順序倒入模型中，重覆2～3次E，途中要搖動模型讓空氣逸出。
8. 以160℃左右的烤箱烤大約35分鐘（20cm模型的話約為40分鐘）。
9. 烤好之後將模型從烤箱中取出，以模型底部輕敲桌面，將模型倒扣放置冷卻。
10. 靜置半天左右，要吃的時候才將蛋糕從模型中取出切塊。

A

B

C

D

E

南瓜戚風

在店裡也很受歡迎的一款蛋糕。這次的食譜使用了惠比壽南瓜，試著表現出鮮豔的黃色與南瓜特有的深邃滋味。麵糊中加了用篩子磨碎的南瓜泥與切塊的南瓜，裝飾用的鮮奶油霜中也加了南瓜泥。南瓜塊是連皮一起使用，讓外皮的綠色為蛋糕增添一些亮點。

Recipe

材料

	（17cm模型）	（20cm模型）
蛋白	110g	170g
細砂糖	70g	110g
玉米澱粉	6g	10g
蛋黃	50g	80g
牛奶	40g	60g
植物油	40g	60g
用篩子磨碎的南瓜泥（※）	25g	40g
低筋麵粉	60g	90g
南瓜塊（※）	70g	120g

※南瓜泥與南瓜塊的作法
將南瓜連皮用水煮熟或蒸熟，將黃色部分用篩網磨碎，剩下的南瓜連皮切成塊狀後灑上蘭姆酒。

作法

1 以蛋白、砂糖和玉米澱粉製作硬性蛋白霜。
2 在大碗中放入蛋黃、牛奶、植物油還有南瓜泥A，混合後再將整體攪拌均勻。
3 加入低筋麵粉，以同一個方向慢慢攪拌均勻。
4 確認1的蛋白霜的狀態之後，加入大約與3等量的蛋白霜至麵糊中仔細混合。
5 將南瓜塊加入4裡，稍微攪拌混合。
6 再次確認剩餘蛋白霜的狀態，將一半的量加入5裡快速混合。
7 加入剩下的蛋白霜，仔細攪拌均勻。
8 將麵糊倒入模型中，以160℃左右的烤箱烤大約30分鐘（20cm模型的話約為45分鐘）。
9 烤好之後將模型從烤箱中取出，以模型底部輕敲桌面，將模型倒扣放置直到蛋糕完全冷卻。

A

B

裝飾用鮮奶油霜

材料

	（17cm模型）	（20cm模型）
鮮奶油	140g	180g
細砂糖	12g	16g
用篩子磨碎的南瓜泥（※）	50g	70g
南瓜子	8顆	10顆

作法

1 在大碗內放入鮮奶油和砂糖。將大碗隔冰水降溫將鮮奶油打發，加入南瓜泥。
2 將1塗抹在從模型中取出的蛋糕上，以南瓜子裝飾B。

紫色地瓜戚風

紫色地瓜的紫色相當引人注目的蛋糕。在裝飾上特別下了一點工夫，請享受這華麗的配色與地瓜的甜味。由於紫色地瓜含有多酚，所以就以加入檸檬汁的方式來調整蛋糕所呈現的顏色吧！

材料

	（17cm模型）	（20cm模型）
蛋白	110g	170g
細砂糖	70g	110g
玉米澱粉	6g	10g
蛋黃	50g	80g
水	50g	80g
植物油	40g	60g
檸檬汁	7g	12g
用篩子磨碎的紫色地瓜泥（※）	60g	90g
低筋麵粉	60g	90g
紫色地瓜塊（※）	80g	120g

※紫色地瓜泥與紫色地瓜塊的作法
將地瓜連皮用水煮熟或蒸熟，去皮後分別用篩子磨成泥和切成塊即可。

作法

1 以蛋白、砂糖和玉米澱粉製作硬性蛋白霜。
2 在大碗中放入蛋黃、水、紫色地瓜泥A，再加入植物油和檸檬汁混合後將整體攪拌均勻。
3 加入低筋麵粉，以同一個方向慢慢攪拌均勻。加入紫色地瓜塊，稍微混合。
4 確認1的蛋白霜的狀態之後，加入大約與3等量的蛋白霜至麵糊中仔細混合。
5 再次確認剩餘蛋白霜的狀態，將一半的量加入4裡快速混合。
6 加入剩下的蛋白霜，仔細攪拌均勻。
7 將麵糊倒入模型中，以160℃左右的烤箱烤大約35分鐘（20cm模型的話約為50分鐘）。
8 烤好之後將模型從烤箱中取出，以模型底部輕敲桌面，將模型倒扣放置直到蛋糕完全冷卻。

A

B

裝飾用鮮奶油霜

材料

	（17cm模型）	（20cm模型）
鮮奶油	100g	180g
細砂糖	10g	16g
＊紫色地瓜鮮奶油霜		
用篩子磨碎的紫色地瓜泥（※）	30g	50g
牛奶	25g	40g
細砂糖	3g	5g

作法

1 在大碗內放入鮮奶油和砂糖。將大碗隔冰水降溫將鮮奶油打發。
2 製作紫色地瓜鮮奶油霜。將地瓜泥、牛奶和細砂糖加熱，以篩子過濾後放涼，之後加入20g的1的鮮奶油霜混合均勻。
3 將1與2均衡的塗在蛋糕周圍B。

芝麻與芝麻菜戚風

在麵糊中加入有芝麻味的芝麻菜，再以芝麻作為點綴配料。
而且還使用了芝麻油，是「芝麻滿點」的一款蛋糕。

材料

	（17cm模型）	（20cm模型）
蛋白	110g	170g
細砂糖	70g	110g
玉米澱粉	6g	10g
蛋黃	40g	80g
水	40g	60g
植物油	37g	55g

	（17cm模型）	（20cm模型）
芝麻油	3g	5g
低筋麵粉	65g	100g
芝麻菜	15g	25g
黑芝麻	4g	7g
白芝麻	4g	7g

作法

1. 以蛋白、砂糖和玉米澱粉製作硬性蛋白霜。
2. 在大碗中放入蛋黃、水、植物油、芝麻油與麵粉，以同一個方向慢慢攪拌均勻。
3. 將切碎的芝麻菜加入2裡，稍微混合。
4. 確認1的蛋白霜的狀態之後，加入大約與3等量的蛋白霜至麵糊中仔細混合。
5. 再次確認剩餘蛋白霜的狀態，將一半的量加入4裡快速混合。
6. 加入剩下的蛋白霜，仔細攪拌均勻。
7. 將麵糊倒入模型中，在表面灑上白芝麻和黑芝麻，以160℃左右的烤箱烤大約25分鐘（20cm模型的話約為40分鐘）。
8. 烤好之後將模型從烤箱中取出，以模型底部輕敲桌面，將模型倒扣放置直到蛋糕完全冷卻。
9. 將蛋糕從模型中取出A，切成自己喜歡的大小。

A

● 與「芝麻菜、芝麻」有關的小知識

用在義式料理的芝麻菜，作為帶有芝麻味的蔬菜而風靡各界。即使使用生的芝麻菜，顯色也能很漂亮。為了展現芝麻的存在感，不將它們放入麵糊中，而是灑在蛋糕上當作配料。

地瓜戚風

地瓜即使做成戚風蛋糕，也能發揮自然的甜味，相當好吃。由於要使用經糖漿煮過的地瓜，所以我總是選用質地緊實的「紅吾妻」品種。在製作糖漿煮地瓜時，在糖漿中加入檸檬，可以讓地瓜的顏色變得更好看。

材料

	(17cm模型)	(20cm模型)
蛋白	110g	170g
細砂糖	70g	110g
玉米澱粉	6g	10g
蛋黃	50g	80g
水	50g	80g

	(17cm模型)	(20cm模型)
植物油	40g	60g
用篩子磨碎的地瓜泥(※)	60g	90g
低筋麵粉	60g	90g
糖漿煮地瓜塊(※)	100g	150g

※地瓜泥與糖漿煮地瓜塊的作法

將地瓜連皮切成適當的厚片，浸泡在水中去除雜質。以水100g比細砂糖40g的比例製作糖漿，放入檸檬皮後以糖漿來煮地瓜A。煮軟後連糖漿一起放涼保存。要使用時以廚房紙巾稍微擦去水分後切成塊，依喜好灑上一點蘭姆酒B。地瓜泥的話則要去皮，只將地瓜肉用篩子磨碎。

作法

1. 以蛋白、砂糖和玉米澱粉製作硬性蛋白霜。
2. 在大碗中放入蛋黃、水、植物油還有地瓜泥，混合後將整體攪拌均勻。
3. 加入低筋麵粉，以同一個方向慢慢攪拌均勻。
4. 加入地瓜塊，稍微混合。
5. 確認1的蛋白霜的狀態之後，加入大約與4等量的蛋白霜至麵糊中仔細混合。
6. 再次確認剩餘蛋白霜的狀態，將一半的量加入5裡快速混合。
7. 加入剩下的蛋白霜，仔細攪拌均勻。
8. 將麵糊倒入模型中，以160℃左右的烤箱烤大約35分鐘(20cm模型的話約為50分鐘)。
9. 烤好之後將模型從烤箱中取出，以模型底部輕敲桌面，將模型倒扣放置直到蛋糕完全冷卻。

A

C

B

裝飾用鮮奶油霜

材料

	(17cm模型)	(20cm模型)
鮮奶油	140g	200g
細砂糖	12g	18g
蘭姆酒	2g	3g
糖漿煮地瓜	少許	少許

作法

1. 在大碗內放入鮮奶油和砂糖。將大碗隔冰水降溫將鮮奶油打發後，加入蘭姆酒。
2. 將1塗在從模型中取出的蛋糕上。將糖漿煮地瓜弄碎成魚鬆狀後，再用糖漿煮地瓜的地瓜皮一起裝飾蛋糕C。

紅蘿蔔戚風

將粗磨的紅蘿蔔泥加入麵糊中，四散的紅蘿蔔便會讓麵糊染上淡淡的橘色。此外，在麵糊中加入檸檬汁或檸檬皮可以舒緩紅蘿蔔獨特的氣味，還可以讓餘味變得清爽。

Recipe

材料

	（17cm模型）	（20cm模型）
蛋白	110g	170g
細砂糖	70g	110g
玉米澱粉	6g	10g
蛋黃	50g	80g
水	30g	50g
油	40g	60g

	（17cm模型）	（20cm模型）
檸檬皮（磨碎）	1/3顆	1/2顆
檸檬汁	10g	15g
低筋麵粉	65g	100g
紅蘿蔔（磨碎）	70g	120g

作法

1. 將紅蘿蔔磨碎，削入檸檬皮A。
2. 以蛋白、砂糖和玉米澱粉製作硬性蛋白霜。
3. 在大碗中放入蛋黃、水、油、檸檬汁還有1稍微混合後B，再加入麵粉慢慢攪拌均勻。
4. 確認2的蛋白霜的狀態之後，加入大約與3等量的蛋白霜至麵糊中仔細混合C。接著再次確認剩餘蛋白霜的狀態，調整成良好狀態後加入麵糊中攪拌均勻D。
5. 將麵糊倒入模型中，以160℃左右的烤箱烤大約35分鐘（20cm模型的話約為40分鐘）。
6. 烤好之後將模型從烤箱中取出，以模型底部輕敲桌面，將模型倒扣放置冷卻。
7. 靜置半天左右，要吃的時候再將蛋糕從模型中取出切塊。

A

C

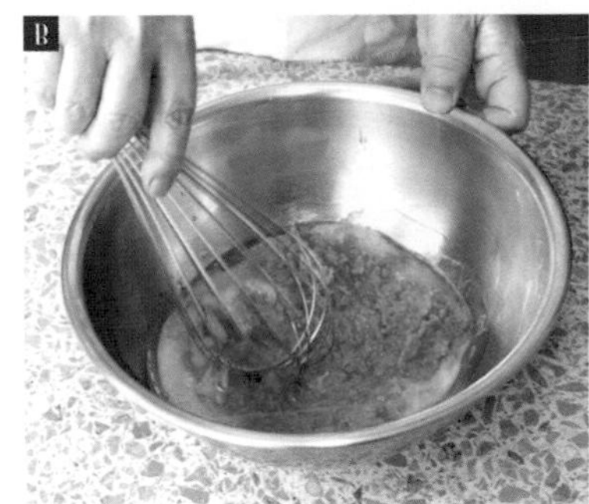
B

D

生薑戚風

在使用和以前不一樣的食譜嘗試製作生薑戚風蛋糕並失敗多次時，以前的學生告訴我：「在喝了用蜂蜜醃漬過的薑所泡的生薑湯後，把剩下來的薑拿來做戚風蛋糕，很好吃。」所以就以這個為靈感，試著做了這款蛋糕。是能夠享受生薑清脆口感與清爽風味的一品。

材料

	（17cm模型）	（20cm模型）
蛋白	110g	170g
細砂糖	70g	110g
玉米澱粉	6g	10g
蛋黃	50g	80g
水	40g	60g

	（17cm模型）	（20cm模型）
植物油	40g	60g
醃漬生薑的湯汁	6g	10g
低筋麵粉	60g	90g
生薑（切碎）	40g	60g
醃漬用的蜂蜜	適量	適量

作法

1. 將生薑切碎，以微波爐加熱到有點燙的程度後，馬上放入可以蓋過生薑的蜂蜜中，醃漬2～3天。要使用前，以濾茶網之類的器具過濾，並將剩下來的湯汁留著備用。
2. 以蛋白、砂糖和玉米澱粉製作硬性蛋白霜。
3. 將醃漬生薑的湯汁倒入蛋黃、水、和植物油中A，稍微混合後再加入低筋麵粉，慢慢攪拌均勻B。
4. 待麵粉開始產生黏性之後加入1的生薑，稍微混合C。
5. 確認2的蛋白霜的狀態之後，加入大約與4等量的蛋白霜至麵糊中仔細混合。之後再次確認剩餘蛋白霜的狀態，調整成良好狀態後加入麵糊中混合。
6. 將麵糊倒入模型中，以160℃左右的烤箱烤大約35分鐘（20cm模型的話約為40分鐘）。
7. 烤好之後將模型從烤箱中取出，以模型底部輕敲桌面，將模型倒扣放置冷卻。
8. 靜置半天左右，要吃的時候才將蛋糕從模型中取出切塊。

A

C

B

變化篇「多層戚風」

去美國時發現了一種高度很高的蛋糕，我很感興趣所以看了一下，蛋糕旁寫著「Layer Cake」。Layer是英文「層」的意思，這種蛋糕指的是「將鮮奶油霜與海綿蛋糕分層疊起的蛋糕」。以此為靈感，以下要介紹的是兩款使用了戚風蛋糕的變化版。除了這些，也很推薦南瓜+肉桂、覆盆子+巧克力等組合。

「草莓水果蛋糕」

小時候最喜歡大人買回來當禮物的「水果蛋糕」了。現在這款草莓水果蛋糕仍是我最喜歡的！

【材料】

原味戚風蛋糕（17cm模型，參考P.14-19）1個的分量／鮮奶油300g／細砂糖27g／草莓1盒／薄荷葉適量

【作法】

1. 將原味戚風橫切成3等分。
2. 將草莓切成1/2或1/3的程度。
3. 在大碗內放入鮮奶油和砂糖。將大碗隔冰水降溫將鮮奶油打發。
4. 在1的蛋糕切面上抹上打發變硬的3，再灑上2切好的草莓，之後再抹上可以蓋過草莓的3，再放上1的蛋糕。重複這個步驟，做出3層的蛋糕。最後從上方輕輕壓一下，讓蛋糕穩固。
5. 使用3的鮮奶油霜塗覆蛋糕整體，以切半的草莓和薄荷葉裝飾。切成喜歡的大小即可。

「巧克力&咖啡&肉桂」

在咖啡蛋糕與肉桂蛋糕之間夾了咖啡鮮奶油霜與巧克力鮮奶油霜。

【材料】

咖啡戚風蛋糕（20cm模型，參考P.73）厚度1cm切片3片／肉桂戚風蛋糕（20cm模型，參考P.75）厚度1cm切片3片／咖啡鮮奶油霜（鮮奶油200g、細砂糖18g、即溶咖啡（以等量的水事先沖泡）2g）／巧克力鮮奶油霜（鮮奶油200g、巧克力90g）／咖啡巧克力適量

【作法】

1. 製作咖啡鮮奶油霜。在大碗內放入鮮奶油和砂糖，將大碗隔冰水降溫將鮮奶油打發。稍微有點打發之後加入即溶咖啡，繼續打發。
2. 製作巧克力鮮奶油霜。將巧克力切碎放入大碗中，一邊倒入煮沸的鮮奶油，一邊像是畫圓般混合。鮮奶油全部倒入之後，將大碗隔冰水降溫，放涼之後再進行打發。
3. 在肉桂戚風上抹上2的鮮奶油霜，放上咖啡戚風，再抹上1的鮮奶油霜，疊上肉桂戚風。重覆進行此步驟，最後將2的鮮奶油霜塗在蛋糕整體表面上。
4. 在蛋糕上方以1的鮮奶油霜做出重點裝飾後，放上咖啡巧克力。

Chapter4

有香氣的材料、堅果類、其他

Flavor ,Nuts and Other Ciffon Cakes

除了水果和蔬菜之外，使用有香味的材料，
可以享受到與眾不同的特別感。
從老師第一次教我、充滿回憶的「肉桂戚風」為首，
以下的章節將介紹紅茶、咖啡、堅果類等
相當適合與戚風蛋糕搭配的材料。

綠茶戚風

除了抹茶之外，還使用了磨成粉末的新茶（煎茶）所做成的蛋糕。在入口的瞬間，茶香就會擴散開來。如果蛋白質（麩質）因為茶葉中所含的澀味（兒茶素）而被破壞，就會讓蛋糕變得沒有彈性，因此「稍微混合」是製作蛋糕時的重點。在泡抹茶時也一樣，不要大力攪拌，就讓抹茶粉在水中溶解吧。

材料

	（17cm模型）	（20cm模型）
蛋白	110g	170g
細砂糖	70g	110g
玉米澱粉	6g	10g
抹茶	5g	8g
蛋黃	50g	80g
水	40g	60g
植物油	40g	60g

	（17cm模型）	（20cm模型）
低筋麵粉	60g	90g
煎茶（以研磨器具磨成不會在口中殘留的程度）	5g	8g
鮮奶油	適量	適量
細砂糖	適量	適量
抹茶（裝飾用）	適量	適量

作法

1 以蛋白、砂糖和玉米澱粉製作硬性蛋白霜。

2 抹茶以濾茶器過濾，去掉結塊的部分A，然後將抹茶粉以約3倍的水（分量外）化開。

3 在大碗中放入蛋黃、水、植物油還有麵粉，慢慢攪拌均勻。

4 確認1的蛋白霜的狀態之後，加入大約與3等量的蛋白霜至麵糊中加以混合。接著再次確認剩餘蛋白霜的狀態，調整成良好狀態之後加入混合，在還殘留一點蛋白霜白色部分的狀態時停止B。

5 將少許4加入2的抹茶中，稍微混合C，再加入至剩下的蛋白霜，稍微混合D、E。在還殘留少許白色部分時，加入細磨過後的煎茶，仔細混合均勻。

6 將麵糊倒入模型中，以160℃左右的烤箱烤大約35分鐘（20cm模型的話約為40分鐘）。

7 烤好之後將模型從烤箱中取出，以模型底部輕敲桌面，將模型倒扣放置使蛋糕冷卻。

8 靜置大約半天後，要吃的時候才將蛋糕從模型中取出切塊。盛盤，在旁邊附上加了細砂糖打發的鮮奶油，灑上抹茶粉。

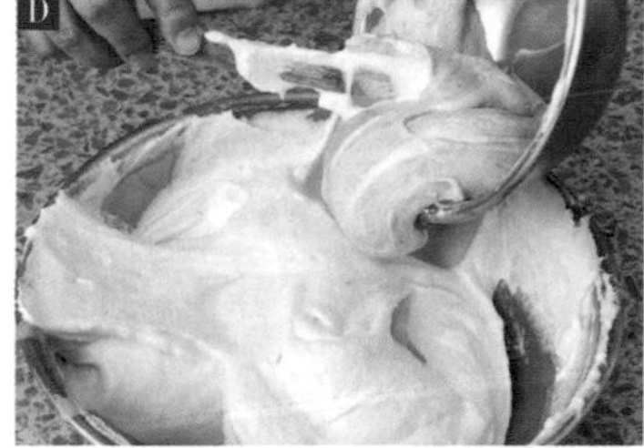

茉莉花茶戚風

茉莉花的花香與枸杞若有似無的淡淡甜味很搭。以家庭用研磨機將茶葉磨得很細之後再加入蛋糕內是重點。將茶葉磨碎成不會殘留在口中的程度，在品嘗戚風蛋糕滑順口感的同時，也請一起享受茉莉花的香氣。

材料

	（17cm模型）	（20cm模型）
蛋白	110g	170g
細砂糖	70g	90g
玉米澱粉	6g	10g
蛋黃	50g	80g
水	40g	60g
植物油	40g	60g
低筋麵粉	60g	90g

	（17cm模型）	（20cm模型）
枸杞※	80g	120g
茉莉花茶茶葉（以研磨器具磨成不會在口中殘留的程度A）	8g	10g

※枸杞的事前處理
事先以分量足以蓋過枸杞的糖漿（水100g，細砂糖40g）醃漬一個晚上B。枸杞較大顆的話，切碎後再加進麵糊裡口感會變得比較好。

作法

1 以蛋白、砂糖和玉米澱粉製作硬性蛋白霜。
2 在大碗中放入蛋黃、水、植物油、麵粉，以同一個方向慢慢攪拌均勻。
3 麵粉產生黏性之後，將去除水分的枸杞加入，稍微混合C。
4 確認1的蛋白霜的狀態之後，加入大約與3等量的蛋白霜至麵糊中，攪拌到看不見白色部分為止。
5 將粉末狀的茶葉加入4中混合D。
6 確認剩餘蛋白霜的狀態，調整成良好狀態後，加入一半的量加以混合。在還殘留蛋白霜的白色部分時，將剩下的蛋白霜加入，仔細混合均勻E。
7 將麵糊倒入模型中，以160℃左右的烤箱烤大約30分鐘（20cm模型的話約為35分鐘）。
8 烤好之後將模型從烤箱中取出，以模型底部輕敲桌面，將模型倒扣放置使蛋糕冷卻。
9 靜置大約半天後再將蛋糕從模型中取出。

A

D

B

E

C

F

裝飾用鮮奶油霜

材料

	（17cm模型）	（20cm模型）
鮮奶油	140g	200g
細砂糖	12g	18g
枸杞※	適量	適量
茉莉花茶茶葉（裝飾用）	適量	適量

作法

1 在大碗內放入鮮奶油和砂糖。將大碗隔冰水降溫將鮮奶油打發。
2 將1塗抹在從模型中取出的蛋糕上，並以去除水分的枸杞和茉莉花茶茶葉裝飾蛋糕上方F。

紅茶戚風

講到帶有香味的紅茶，通常都會想到格雷伯爵茶，但我因為想要不同的感覺，所以四處找尋，後來找到了這款瑞典的調配茶。加入了乾燥後的水果和花，我很喜歡那不是香料味的「自然甜香」。由於是將磨細的茶葉直接加入麵糊中，沒有多餘的水分，是很容易製作的一款戚風蛋糕。

Recipe

材料

	（17cm模型）	（20cm模型）
蛋白	110g	170g
細砂糖	70g	110g
玉米澱粉	6g	10g
蛋黃	50g	70g
水	40g	60g

	（17cm模型）	（20cm模型）
植物油	40g	60g
低筋麵粉	60g	90g
紅茶茶葉	5g	8g

作法

1. 事先以研磨器具將紅茶茶葉磨成不會殘留在口中的程度。
2. 以蛋白、砂糖和玉米澱粉製作硬性蛋白霜。
3. 在大碗中放入蛋黃、水、植物油和麵粉，慢慢攪拌均勻A。
4. 加入1的茶葉，以橡皮刮刀混合B。
5. 確認2的蛋白霜的狀態之後，加入大約與4等量的蛋白霜至麵糊中加以混合。接著再次確認剩餘蛋白霜的狀態，調整成良好狀態後再加入混合。
6. 將麵糊倒入模型中，以160℃左右的烤箱烤大約30分鐘（20cm模型的話約為35分鐘）。
7. 烤好之後將模型從烤箱中取出，以模型底部輕敲桌面，將模型倒扣放置使蛋糕冷卻。
8. 靜置大約半天後再將蛋糕從模型中取出。

裝飾用鮮奶油霜

材料

	（17cm模型）	（20cm模型）
鮮奶油	140g	200g
細砂糖	12g	18g
紅茶茶葉（裝飾用）	少許	少許

作法

1. 在大碗內放入鮮奶油和砂糖。將大碗隔冰水降溫將鮮奶油打發。
2. 將1塗抹在戚風蛋糕表面。
3. 以紅茶茶葉裝飾。

咖啡戚風

使用即溶咖啡，做成大理石花紋的戚風蛋糕。若是使用由咖啡豆沖泡而成的咖啡，會因為加入麵糊中的水量有上限，所以發色較不漂亮，要展現出咖啡的風味也較難。而即溶咖啡粉則是濃縮過，不含水分，所以比較容易進行色澤與味道上的調整，使用起來很方便。

材料

	（17cm模型）	（20cm模型）
蛋白	110g	170g
細砂糖	70g	110g
玉米澱粉	6g	10g
蛋黃	50g	80g
水	40g	60g
植物油	40g	60g

	（17cm模型）	（20cm模型）
即溶咖啡粉（蛋黃麵糊用）	2g	3g
低筋麵粉	60g	90g
即溶咖啡粉	3g	5g
水	3g	5g

作法

1. 以蛋白、砂糖和玉米澱粉製作硬性蛋白霜。
2. 將另外準備的3g（20cm模型為5g）的即溶咖啡粉以等量的水沖泡好。
3. 在大碗中放入蛋黃、水、植物油、2g（20cm模型為3g）的即溶咖啡粉，稍微混合後再加入麵粉慢慢攪拌均勻。
4. 確認1的蛋白霜的狀態之後，加入大約與3等量的蛋白霜至麵糊中加以混合A。接著再確認一次剩下的蛋白霜，調整成良好狀態後加入混合B。
5. 從4的麵糊中取出120g（20cm模型為200g），剩下的麵糊備用。
6. 將2沖泡好的即溶咖啡加入5取出的麵糊中混合C。
7. 再度稍微混合一下5剩下的麵糊，將6加入，以切拌法混合3～4次D，注意不要將兩者完全混合均勻。
8. 將麵糊倒入模型中E，以160℃左右的烤箱烤大約30分鐘（20cm模型的話約為35分鐘）。
9. 烤好之後將模型從烤箱中取出，以模型底部輕敲桌面，將模型倒扣放置直到蛋糕完全冷卻。
10. 靜置半天左右，要吃的時候再將蛋糕從模型中取出切塊。

A

B

C

D

E

肉桂戚風

我最先學到的就是這款肉桂戚風。對於第一次做戚風蛋糕感到興奮不已。由於肉桂粉與低筋麵粉一樣，都可以作為粉類來使用，所以相較之下是比較容易製作的蛋糕。除了肉桂粉以外，只要是不含油脂的粉狀香辛料，都很容易與麵糊混合。

材料

	（17cm模型）	（20cm模型）
蛋白	110g	170g
細砂糖	70g	110g
玉米澱粉	6g	10g
蛋黃	50g	80g

	（17cm模型）	（20cm模型）
水	40g	60g
植物油	40g	60g
低筋麵粉	60g	90g
肉桂粉	4g	7g

作法

1 以蛋白、砂糖和玉米澱粉製作硬性蛋白霜。

2 在大碗中放入蛋黃、水、植物油與麵粉，慢慢攪拌均勻A。

3 麵粉開始產生黏性後，加入肉桂粉加以混合。因為肉桂粉很容易飛散到大碗邊緣，所以要邊使用橡膠刮刀將粉刮下來，與麵糊均勻的混合B、C。

4 確認1的蛋白霜的狀態之後，加入大約與3等量的蛋白霜至麵糊中加以混合。接著再確認一次剩下的蛋白霜，調整成良好狀態後加入混合。

5 將麵糊倒入模型中，以160℃左右的烤箱烤大約30分鐘（20cm模型的話約為35分鐘）。

6 烤好之後將模型從烤箱中取出，以模型底部輕敲桌面，將模型倒扣放置直到蛋糕完全冷卻。

7 靜置半天左右再將蛋糕從模型中取出。

A

C

B

裝飾用鮮奶油霜

材料

	（17cm模型）	（20cm模型）
鮮奶油	140g	200g
細砂糖	12g	18g
肉桂粉	0.7g	1.2g
肉桂粉（裝飾用）	適量	適量

作法

1 在大碗內放入鮮奶油和砂糖。將大碗隔冰水降溫將鮮奶油稍微打發。

2 加入肉桂粉混合後，塗在戚風蛋糕的表面上。

3 將肉桂粉灑在蛋糕上方作裝飾。

玫瑰戚風

使用「玫瑰之國」保加利亞所產的食用花瓣（乾燥）製成的優雅戚風蛋糕。
因為活用天然的玫瑰香氣，不使用添加物，所以可以安心食用。

材料

	（17cm模型）	（20cm模型）
蛋白	110g	170g
細砂糖	70g	110g
玉米澱粉	6g	10g
蛋黃	50g	80g
水	40g	60g

	（17cm模型）	（20cm模型）
植物油	40g	60g
低筋麵粉	60g	90g
玫瑰花瓣（食用）※	5g	8g

＊以研磨器具磨成不會在口中殘留的程度。

作法

1. 以蛋白、砂糖和玉米澱粉製作硬性蛋白霜。
2. 在大碗中放入蛋黃、水、植物油還有麵粉，以同一個方向慢慢攪拌均勻。
3. 加入玫瑰花瓣，快速混合。
4. 確認1的蛋白霜的狀態之後，加入大約與3等量的蛋白霜至麵糊中仔細混合。
5. 再度確認蛋白霜的狀態，將一半的量加入4，快速混合。
6. 將剩下的蛋白霜加入，仔細混合。
7. 將麵糊倒入模型中，以160℃左右的烤箱烤大約30分鐘（20cm模型的話約為45分鐘）。
8. 烤好之後將模型從烤箱中取出，以模型底部輕敲桌面，將模型倒扣放置直到蛋糕完全冷卻。

裝飾用鮮奶油霜

材料

	（17cm模型）	（20cm模型）
鮮奶油	140g	200g
細砂糖	12g	18g
玫瑰花瓣（食用）	少許	少許

作法

1. 在大碗內放入鮮奶油和砂糖。將大碗隔冰水降溫將鮮奶油打發。
2. 將1塗在從模型取出的蛋糕上。以玫瑰花瓣裝飾蛋糕的上方與側邊A。

A

櫻花戚風

春天的香氣在口中擴散的和風戚風。
故意不做多餘的裝飾，好能充分享受櫻花的香氣。

材料

	（17cm模型）	（20cm模型）
蛋白	110g	170g
細砂糖	70g	110g
玉米澱粉	6g	10g
蛋黃	50g	80g
醃漬櫻花葉的湯汁	35g	50g
植物油	40g	60g
低筋麵粉	65g	100g

	（17cm模型）	（20cm模型）
鹽漬櫻花（※）	20g	30g
櫻花葉（※）	20g	30g
鹽漬櫻花（裝飾用※）	少許	少許

※鹽漬櫻花與櫻花葉要分別去除鹽分之後再使用。上述分量為去除鹽分和水分之後的量。

作法

1 以蛋白、砂糖和玉米澱粉製作硬性蛋白霜。
2 在大碗中放入蛋黃、醃漬櫻花葉的湯汁和植物油，稍微混合一下，讓整體融合。
3 將麵粉加入2，以同一個方向慢慢攪拌均勻。
4 加入切細的櫻花葉與櫻花，稍微混合。
5 確認1的蛋白霜的狀態之後，加入大約與4等量的蛋白霜至麵糊中仔細混合。
6 再度確認蛋白霜的狀態，將一半的量加入5，快速混合。
7 將剩下的蛋白霜加入，仔細混合。
8 在模型內側貼上櫻花後將麵糊倒入模型中，以160℃左右的烤箱烤大約30分鐘（20cm模型的話約為40分鐘）。
9 烤好之後將模型從烤箱中取出，以模型底部輕敲桌面，將模型倒扣放置直到蛋糕完全冷卻。
10 將蛋糕從模型中取出A。

A

● 與「櫻花」有關的小知識

雖然櫻花葉以用來製作櫻餅、櫻花則以在喜慶的茶席上泡成櫻茶而為人所熟知，但是加入戚風蛋糕中也很美味。去除鹽分時以稍微留下一點淡淡的鹹味為基準。

巧克力戚風

將可可粉加入麵糊中的戚風蛋糕。彷彿將巧克力加入麵糊中般，具有滿足感的濃厚滋味為其特徵。加入蛋黃麵糊中的水如果使用80℃左右的熱水會較容易混合，讓乳化順利進行。在加入蛋白霜的時候，也趁蛋黃麵糊還帶有一點微溫的時候進行吧。

材料

	（17cm模型）	（20cm模型）
蛋白	110g	170g
細砂糖	70g	110g
玉米澱粉	6g	10g
蛋黃	50g	80g

	（17cm模型）	（20cm模型）
植物油	40g	60g
熱水（大約80℃）	60g	80g
可可粉	25g	35g
低筋麵粉	50g	70g

作法

1 以蛋白、砂糖和玉米澱粉製作硬性蛋白霜。

2 在大碗中放入蛋黃、植物油、熱水、麵粉和可可粉，趁熱慢慢攪拌均勻A、B、C。

3 趁還有一點微溫時，確認1的蛋白霜的狀態之後，加入大約與2等量的蛋白霜至麵糊中加以混合。接著再度確認一次蛋白霜的狀態，調整成良好狀態後加入混合。

4 將麵糊倒入模型中，以160℃左右的烤箱烤大約35分鐘（20cm模型的話約為40分鐘）。

5 烤好之後將模型從烤箱中取出，以模型底部輕敲桌面，將模型倒扣放置直到蛋糕完全冷卻。

6 靜置半天左右再將蛋糕從模型中取出。

A

C

B

裝飾用鮮奶油霜

材料

	（17cm模型）	（20cm模型）
鮮奶油	140g	200g
細砂糖	12g	18g
巧克力	適量	適量

作法

1 在大碗內放入鮮奶油和砂糖。將大碗隔冰水降溫將鮮奶油打發。（依個人喜好可以加入利口酒類進行調味）

2 將1塗在從模型取出的蛋糕上。以巧克力碎屑進行裝飾。

巧克力堅果戚風

在加了巧克力的麵糊中灑入堅果當配料。
可以享受蛋糕的柔軟與堅果清脆口感的一品。

材料

	（17cm模型）	（20cm模型）
蛋白	110g	170g
細砂糖	70g	110g
玉米澱粉	6g	10g
蛋黃	50g	80g
熱水（大約80℃）	60g	80g
植物油	40g	60g
可可粉	25g	35g

	（17cm模型）	（20cm模型）
低筋麵粉	50g	70g
巧克力片	50g	80g
核桃	15g	25g
杏仁果	15g	25g
腰果	15g	25g
開心果	3g	5g

作法

1. 以蛋白、砂糖和玉米澱粉製作硬性蛋白霜。
2. 在大碗中放入蛋黃、熱水、可可粉和植物油，稍微混合一下讓整體融合。
3. 將麵粉加入2，以同一個方向慢慢攪拌均勻。
4. 確認1的蛋白霜的狀態之後，加入大約與3等量的蛋白霜至麵糊中仔細混合。
5. 再度確認蛋白霜的狀態，將一半的量加入4，快速混合。
6. 將剩下的蛋白霜加入，仔細混合。
7. 加入巧克力片，稍微混合。
8. 將麵糊倒入模型中，在表面灑上堅果類材料，以160℃左右的烤箱烤大約35分鐘（20cm模型的話約為45分鐘）。
9. 烤好之後將模型從烤箱中取出，以模型底部輕敲桌面，將模型倒扣放置直到蛋糕完全冷卻。
10. 將蛋糕從模型中取出A。

A

● 與「巧克力」有關的小知識

加入戚風蛋糕裡的巧克力，如果太大的話就會往下沉，太小的話就會與麵糊化為一體而失去口感。最合適的大小為約5～7mm左右的碎塊。種類可以依喜好選擇較苦或是較甜的巧克力。

花生戚風

以花生泥為麵糊整體調味，由於不只使用了花生，還配合加入數種堅果，所以味道與口感能產生變化。此外，還用了花生油來取代植物油，是一款能讓口中充滿花生風味的戚風蛋糕。

材料

	(17cm模型)	(20cm模型)
蛋白	110g	170g
細砂糖	70g	110g
玉米澱粉	10g	5g
蛋黃	50g	80g
水	40g	60g
花生泥	65g	100g
花生油	40g	60g

	(17cm模型)	(20cm模型)
低筋麵粉	60g	90g
核桃	15g	25g
腰果	15g	25g
開心果	6g	10g
花生	15g	25g

作法

1. 以蛋白、砂糖和玉米澱粉製作硬性蛋白霜。
2. 在大碗中放入蛋黃、水、花生泥和花生油，稍微混合一下讓整體融合。
3. 將麵粉加入2，以同一個方向慢慢攪拌均勻。
4. 加入切碎的核桃、腰果、開心果與花生，稍微混合。
5. 確認1的蛋白霜的狀態之後，加入大約與4等量的蛋白霜至麵糊中仔細混合。
6. 再度確認蛋白霜的狀態，將一半的量加入5，快速混合。
7. 將剩下的蛋白霜加入，仔細混合。
8. 將麵糊倒入模型中，以160℃左右的烤箱烤大約35分鐘（20cm模型的話約為45分鐘）。
9. 烤好之後將模型從烤箱中取出，以模型底部輕敲桌面，將模型倒扣放置直到蛋糕完全冷卻。

裝飾用鮮奶油霜

材料

	(17cm模型)	(20cm模型)
腰果	30g	50g
開心果	6g	10g
花生巧克力	20g	30g
細砂糖	適量	適量

作法

1. 將細砂糖放入鍋中開火加熱，待糖煮到融解變色後離火，將堅果類放入，沾裹上糖液A後取出。將剩下的糖液淋在花生巧克力上使之凝固。
2. 用1來裝飾從模型中取出的蛋糕B。

A

B

紅豆與黃豆粉戚風

「水煮紅豆」與「黃豆粉」這些和菓子的食材，意外的與戚風蛋糕很搭。水煮紅豆選擇便於使用的罐頭，黃豆粉則選擇深煎過而香氣濃郁的種類。裝飾用的鮮奶油霜也可以依喜好加入黃豆粉，這樣也很好吃。

材料

	（17cm模型）	（20cm模型）
蛋白	110g	170g
細砂糖	70g	110g
玉米澱粉	6g	10g
蛋黃	50g	80g

	（17cm模型）	（20cm模型）
水	40g	60g
植物油	40g	60g
低筋麵粉	50g	80g
香煎過的黃豆粉	13g	20g
水煮紅豆	70g	120g

作法

1. 以蛋白、砂糖和玉米澱粉製作硬性蛋白霜。
2. 在大碗中放入蛋黃、水、植物油還有麵粉，慢慢攪拌均勻。
3. 麵粉產生黏性之後，加入香煎過的黃豆粉，以同一個方向混合。
4. 加入去除水分的水煮紅豆，稍微混合。
5. 確認1的蛋白霜的狀態之後，加入大約與4等量的蛋白霜至麵糊中仔細混合。
6. 再度確認蛋白霜的狀態，將一半的量加入5，快速混合。
7. 將剩下的蛋白霜加入，仔細混合。
8. 將麵糊倒入模型中，以160℃左右的烤箱烤大約30分鐘（20cm模型的話約為40分鐘）。
9. 烤好之後將模型從烤箱中取出，以模型底部輕敲桌面，將模型倒扣放置直到蛋糕完全冷卻。

裝飾用鮮奶油霜

材料

	（17cm模型）	（20cm模型）
鮮奶油	140g	200g
細砂糖	12g	18g
香煎過的黃豆粉	少許	少許
水煮紅豆	少許	少許

作法

1. 在大碗內放入鮮奶油和砂糖。將大碗隔冰水降溫將鮮奶油打發。
2. 將1塗在從模型中取出的蛋糕上。在表面灑上黃豆粉，以水煮紅豆裝飾A。

A

栗子戚風

模仿蒙布朗的樣子裝飾而成的戚風蛋糕。
為了突顯栗子在麵糊中的味道，所以同時使用了栗子糊與栗子泥。

Recipe

材料

	（17cm模型）	（20cm模型）
蛋白	110g	170g
細砂糖	60g	90g
玉米澱粉	6g	10g
蛋黃	50g	80g
水	40g	60g
植物油	40g	60g

	（17cm模型）	（20cm模型）
栗子泥	40g	60g
栗子糊	40g	60g
低筋麵粉	60g	90g
栗子澀皮煮（註）	100g	150g

註：去除掉栗子外側的硬皮，加入水和小蘇打後開火烹煮，保留栗子薄皮的料理法。

作法

1. 以蛋白、砂糖和玉米澱粉製作硬性蛋白霜。
2. 在大碗中放入蛋黃、水、植物油，稍微混合。
3. 將栗子泥A與栗子糊B混合後加熱，分次加入少量的2混合。（沒有完全混合也沒關係）。
4. 加入低筋麵粉，以同一個方向慢慢攪拌混合。
5. 加入切塊的栗子稍微混合。
6. 確認1的蛋白霜的狀態之後，加入大約與5等量的蛋白霜至麵糊中仔細混合。
7. 再度確認蛋白霜的狀態，將一半的量加入6，快速混合。
8. 將剩下的蛋白霜加入，仔細混合。
9. 將麵糊倒入模型中，以160℃左右的烤箱烤大約40分鐘（20cm模型的話約為50分鐘）。
10. 烤好之後將模型從烤箱中取出，以模型底部輕敲桌面，將模型倒扣放置直到蛋糕完全冷卻。

A

B

C

裝飾用鮮奶油霜

材料

	（17cm模型）	（20cm模型）
鮮奶油	110g	180g
細砂糖	10g	16g
栗子泥	30g	50g
栗子糊	30g	50g
牛奶	15g	25g
栗子澀皮煮	適量	適量

作法

1. 在大碗內放入鮮奶油和砂糖。將大碗隔冰水降溫將鮮奶油打發。
2. 製作栗子鮮奶油霜。將栗子糊、栗子泥和牛奶以微波爐加熱之後仔細混合，趁熱以篩網過濾，放涼之後加入15g的1的鮮奶油霜（20cm模型的話為25g）混合。
3. 將1塗在從模型中取出的蛋糕上，在蛋糕上半部擠上2，再以栗子澀皮煮裝飾C。

起司戚風

使用埃德姆起司製作，味道富有深度的戚風蛋糕。
將脫模後的蛋糕表面稍微烤一下讓起司融化，又是另一種不同的風味。

材料

	（17cm模型）	（20cm模型）
蛋白	110g	170g
細砂糖	60g	90g
玉米澱粉	6g	10g
蛋黃	50g	80g
水	40g	60g
植物油	40g	60g
低筋麵粉	60g	90g

	（17cm模型）	（20cm模型）
埃德姆起司（削成粉狀）	35g	50g
埃德姆起司（切成5～7mm的塊狀）	50g	70g

作法

1. 以蛋白、砂糖和玉米澱粉製作硬性蛋白霜。
2. 在大碗中放入蛋黃、水、植物油還有麵粉，慢慢攪拌均勻。
3. 確認1的蛋白霜的狀態之後，加入大約與2等量的蛋白霜至麵糊中仔細混合。
4. 再度確認蛋白霜的狀態，將一半的量加入3，快速混合。
5. 將剩下的蛋白霜加入，仔細混合。
6. 加入埃德姆起司塊與起司粉A，快速混合。
7. 將麵糊倒入模型中，以160℃左右的烤箱烤大約30分鐘（20cm模型的話約為40分鐘）。
8. 烤好之後將模型從烤箱中取出，以模型底部輕敲桌面，將模型倒扣放置直到蛋糕完全冷卻。
9. 將蛋糕從模型中取出B。

● 與「起司」有關的小知識

起司推薦使用硬質的種類，在本食譜中使用的是與戚風蛋糕很搭的荷蘭產「埃德姆起司」。切成7mm的塊狀再加入的話，不會融化過頭，可以享受恰到好處的口感。請務必要使用喜歡的硬質起司來做做看。

精通戚風蛋糕的8個建議

失敗為成功之母

關於製作戚風蛋糕，我時常聽到「即使已經很會製作原味戚風，但是在加入其他材料做成特別的戚風蛋糕時，難度更加提高，很容易失敗」這種說法。我自己到目前為止也是經歷了相當多次的失敗。要探究其原因，能夠解答的就是「科學」。以科學的眼光來看，就能看清楚許多事。與此同時，也了解到「在眼睛看不到的地方隱藏著重要的事情」。想要了解難以用言語表達、用眼睛也看不到的部分，就要做幾十次、幾百次……無止境的做下去，以自己身體的「感覺」去記住，就是成功做好蛋糕的祕訣。

「失敗為成功之母」。屢敗屢戰，享受製作戚風蛋糕的過程，朝精通之路向前邁進吧！（「良好狀態的蛋白霜」作法，請參考P.10 ～ 15）

case

1 在烤箱裡，模型表面的蛋糕凹陷了

原因：烤過頭就是原因。

[防止同樣失敗的方法]

依照烤箱的能力、機種，還有模型種類的不同，蛋糕烤熟的狀態也會跟著改變，所以要特別注意這一點。本書所寫的時間終歸也只是基準，如果無法順利烤好的話，請在出爐的5分鐘前控制烤箱的時間旋鈕，一邊觀察蛋糕的樣子一邊繼續烤製。

膨脹的蛋糕有一點凹陷的話，就是烤過頭的徵兆。為了能在發生這樣的狀況之前把蛋糕從烤箱中取出，請在每次烤蛋糕時，觀察隨著時間經過的膨脹程度，找出最佳的烘烤時間吧！一旦習慣之後，光是用手觸碰蛋糕表面就能感覺到彈力的不同，能確認蛋糕是否已經烤好。

case

2 在烤箱中，模型表面的蛋糕變得凹凸不平，膨脹得太過頭了

原因1：麵糊中的空氣含量過多。

[防止同樣失敗的方法]

確實進行讓蛋白霜裡的小氣泡整齊排列的作業。

原因2：在混合蛋黃麵糊與蛋白霜時，雖然有讓多餘的空氣逸出，混入了剛剛好的空氣量，但是混合的方式不夠紮實，混入了過多的空氣，就會過度膨脹。蛋糕表面出現許多龜裂、變得凹凸不平，就是多餘空氣逸出的痕跡。

[防止同樣失敗的方法]

在混合蛋黃麵糊與蛋白霜時，看不到白色的部分並不代表可以結束混合的步驟。之後要再繼續攪拌一下，讓多餘的空氣逸出之後，再將麵糊倒入模型內。

case

3 將蛋糕從烤箱中取出之後，模型表面的蛋糕凹陷了

原因：在烤箱中加熱的空氣會膨脹，蛋糕會膨起，拿出烤箱冷卻後空氣會收縮。蛋白霜的膜一旦太弱，蛋糕就會隨著空氣一起收縮，所以才會凹陷。

[防止同樣失敗的方法]

練習製作強力的蛋白霜吧。

case

烤好之後把模型倒扣，蛋糕從模型中掉下來了（將蛋糕倒過來冷卻，蛋糕從模型邊緣剝落了）

原因1：由於蛋白霜的泡泡太弱，無法承受麵體的重量，所以蛋糕從模型中掉下來了（照片A）。

[防止同樣失敗的方法]

製作蛋白霜是很重要的。遇到困難時，不妨減少加入的餡料再試試看吧。

原因2：蛋糕沒有烤透。

[防止同樣失敗的方法]

如果沒有連蛋糕中央部分都烤透、半生不熟的話，就有可能發生蛋糕掉下來的狀況。由於在麵糊中加入固體的話就不容易烤熟，所以比起什麼都沒加的原味戚風，烘烤時需要花上更多的時間。請稍微將時間拉長一點。烤箱的溫度如果過高，有時也會發生周圍烤好了但中心還沒熟的狀況，所以請注意火力的調節。

此外，由於紙製模型的熱傳導率較低，即使照設定時間烤製，也有可能發生中間沒有烤熟的情形。使用紙製模型時，就稍微拉長烤製時間吧！

從模型中掉下來的蛋糕，如果趁還冒著熱氣的時候吃，嘗起來就會像蒸麵包一樣美味。但是一旦涼了就會變硬。即使蛋糕沒有掉下來，也會像照片B那樣 —— 蛋糕從模型周圍剝離，膨脹得不好的戚風，就是烤製方法沒有到位的結果。特別是巧克力蛋糕，因為麵糊顏色較深，不好判斷究竟烤好了沒，所以在烤的時候要特別注意時間。

case 5 加入顏色漂亮的食材，麵糊的顏色卻變得很奇怪

原因：含有多酚的食材，其中一種名為花色素苷的多酚會與鹼性麵糊產生化學反應，而使麵糊變色。將覆盆子的果汁加入麵糊中的話，就會產生藍色的筋狀。

[防止同樣失敗的方法]

加入檸檬等酸性物質中和鹼性，可以讓變色的狀況不那麼嚴重。但是加太多的話酸味就會過強，要特別注意。

case 6 脫模之後的蛋糕側面塌了。此外，蛋糕橫向裂開了

原因1：像照片A一樣，戚風蛋糕的側面產生塌陷，是因為將蛋白霜長時間（15～20分鐘以上）持續打發，或是在打發時使用了過強的力量所導致。失去彈性的麵糊會往下沉，產生凹陷的問題。

[防止同樣失敗的方法]

多多練習製作良好狀態的蛋白霜吧。

A

原因2：像照片B一樣蛋糕從橫向裂開的問題，原因是麵糊沒有充分混合，或是蛋白霜的狀態不佳所導致。

[防止同樣失敗的方法]

在混合水分較多的材料時，由於較難混合均勻，所以要仔細混合。為了確實混合，讓蛋白霜維持在良好狀態是必要的。

B

case

7 蛋糕脫模之後，模型底部的蛋糕（也就是朝上的表面）凹陷了

原因1：沒有完全乳化就是原因。由水包圍油的乳化，對戚風蛋糕來說是好的乳化狀態。但是由油包圍水的乳化，對戚風來說就是不好的乳化。因為油的關係，麵糊無法緊密附著在模型上，所以會剝落、凹陷。

[防止同樣失敗的方法]

進行乳化時，以「一定方向」攪拌是很重要的。太大力的話就會破壞卵磷脂的乳化力，請用適度的力量攪拌吧！使用攪拌器時則以中速為基準。

原因2：將麵糊倒入模型時，過度敲打模型底部也會發生同樣的狀況。空氣進入模型內，蛋糕就會從那裡剝落。

[防止同樣失敗的方法]

戚風蛋糕所使用的是底部和筒狀部分能一起拆卸的模型。這款模型在敲打底部時，有可能會因為衝擊而讓底部浮起，空氣就會從該處進入。為了預防這點，用手從上方將筒狀部分壓住，輕輕敲打即可。

case

8 切開蛋糕之後發現裡面有蛋白塊

原因1：如照片中左邊的蛋糕，在右下可以看到白色的部分。這是沒有混合均勻的蛋白霜。蛋白霜如果過度打發，就會變得不容易混合。蛋白霜如果太弱，在混合時就會消泡，蛋糕的高度就會變低。蛋黃麵糊裡的可可粉即使沒有和水分充分混合均勻，也會容易消泡，無法混合均勻。蛋白霜與蛋黃麵糊的混合方式不好的話，也會發生同樣的狀況。

[防止同樣失敗的方法]

做出好的蛋白霜是很重要的。多練習蛋黃麵糊與蛋白霜的混合方法吧。此外，蛋黃麵糊的溫度如果不是溫的話就無法順利乳化，因此加入麵糊的「水」要使用加熱到約為人體肌膚溫度的「溫水」。

原因2：照片右方為沒有做出細小泡沫整齊排列的蛋白霜，大氣泡沒有消失所留下的痕跡。

[防止同樣失敗的方法]

製作蛋白霜是很重要的。特別是加了可可粉的麵糊，可可粉的油分會使蛋白霜容易消泡，所以請製作泡泡細小而綿密、確實打發的強力蛋白霜吧。

「La Famille」（ラ・ファミーユ）

地址：東京都豊島区西池袋3-4-6 今村ビル1F
電話：03-5958-0431
營業時間：10點30分～18點30分
公休日：不定期

盡可能的不使用添加物，號稱「不會對身體造成負擔的西式點心店」，在1998年3月開幕。在店裡可以品嘗到招牌的戚風蛋糕與各種季節的時令戚風。此外，奶油泡芙也是隱藏版的人氣甜點。也可以訂購宅配範圍涵蓋日本全國的戚風蛋糕，或是以戚風蛋糕為基底的生日蛋糕（需要預約）。2010年1月搬遷至現在的地點。甜點教室有基本課程、應用課程與個人一對一教學的特別課程共三種，除了戚風蛋糕外，也可以學到各種甜點的作法。

TITLE

超有料的特製戚風蛋糕

STAFF

出版　瑞昇文化事業股份有限公司
作者　小沢のり子
譯者　林芸蔓

總編輯　郭湘齡
責任編輯　蔣詩綺
文字編輯　徐承義　陳亭安
美術編輯　孫慧琪
排版　沈蔚庭
製版　明宏彩色照相製版股份有限公司
印刷　龍岡數位文化股份有限公司

法律顧問　經兆國際法律事務所　黃沛聲律師

戶名　瑞昇文化事業股份有限公司
劃撥帳號　19598343
地址　新北市中和區景平路464巷2弄1-4號
電話　(02)2945-3191
傳真　(02)2945-3190
網址　www.rising-books.com.tw
Mail　deepblue@rising-books.com.tw

本版日期　2019年2月
定價　320元

國家圖書館出版品預行編目資料

超有料的特製戚風蛋糕 / 小沢のり子作 ; 林芸蔓譯. -- 初版. -- 新北市 : 瑞昇文化, 2018.07
96面 ; 19.2 x 25.7公分
譯自 : スペシャルシフォンケーキ
ISBN 978-986-401-255-8(平裝)
1.點心食譜

427.16　107009593